国家科学技术学术著作出版基金资助出版

可持续城市水环境系统规划方法与应用

陈吉宁　曾思育　董　欣　著

U0299694

中国建筑工业出版社

图书在版编目（CIP）数据

可持续城市水环境系统规划方法与应用/陈吉宁，
曾思育，董欣著. —北京：中国建筑工业出版社，
2016.10
ISBN 978-7-112-19659-3

Ⅰ.①可… Ⅱ.①陈… ②曾… ③董… Ⅲ.①城市环
境-水环境-环境规划-研究-中国 Ⅳ.①X321

中国版本图书馆 CIP 数据核字（2016）第 185022 号

　　本书在对以传统污水处理系统、污水回用系统、污水源分离系统为代表的三
种典型系统模式进行潜力判断分析的基础上，突破传统规划流程，构建了多层次、
多目标、多方案计算的可持续性城市水环境系统规划方法，并根据该方法的科学
问题本质需求，开发了相应的规划工具。
　　本书可供相关设计院、供水排水管理部的工程技术人员参考，也可供给水排
水、环境工程等相关专业的高年级本科生和研究生作为教材或教学参考书。

责任编辑：于　莉　田启铭　姚荣华
责任设计：谷有稷
责任校对：党　蕾　张　颖

可持续城市水环境系统规划方法与应用
陈吉宁　曾思育　董　欣　著

＊
中国建筑工业出版社出版、发行（北京西郊百万庄）
各地新华书店、建筑书店经销
北京佳捷真科技发展有限公司制版
北京建筑工业印刷厂印刷
＊
开本：787×1092毫米　1/16　印张：9½　字数：234千字
2016年10月第一版　2016年10月第一次印刷
定价：**36.00**元
ISBN 978-7-112-19659-3
（29172）

前　言

城市水环境系统是城市重要的基础设施之一，它是在一定人类社会经济活动影响和资源环境约束下，保证城市卫生条件、公众健康安全及城市自然环境质量的一系列设施单元的组合。城市水环境系统是城市自然水循环与社会水循环的耦合点，承载了水量与水质两个维度的多种频率复杂交互，其可持续性除了直接影响到城市的可持续发展进程外，还直接关系到城市乃至整个流域二元水循环的健康性。

新技术的开发，水与物质良性循环的需求以及城市可持续发展的实践使得城市中逐渐出现了空间结构和功能目标都比传统系统更为复杂的新型城市水环境系统。面对新形势，目前通用的、基于经验的情景规划方法无法有效解决系统规划的复杂性问题。如何合理规划城市水环境系统进而促进城市可持续发展成为城市水管理中迫切需要解决的问题。基于上述需求，本书以实现城市水环境系统可持续性为原则，促进规划的合理性和科学性为目的，针对城市水环境系统规划方法及其支撑工具开展了相关研究与探讨。

本书在对以传统水环境系统、污水回用系统、污水源分离系统为代表的三种典型系统模式进行潜力判断分析的基础上，突破传统规划流程，构建了多层次、多目标、多方案计算的可持续性城市水环境系统规划方法，并根据该方法的科学问题本质需求，开发了相应的规划工具。

书中建立的可持续性城市水环境系统规划方法的关键突破是在原有规划体系中扩充了概念层次和布局层次规划两个环节。概念层次规划以城市水环境系统的可持续性为准则，以自主开发的基于不确定性分析的多属性决策模型——城市水环境系统模式筛选模型为工具，为规划区域定量筛选具有可持续性优势的系统模式，解决规划中因为决策目标和系统模式多样性造成的复杂性问题；布局层次规划在系统模式确定的基础上，以系统的可持续性为目标，以多目标空间优化模型——城市水环境系统布局规划模型为工具，利用遗传—图论集成算法实现多方案连续计算，为既定系统模式进行空间布局，确定设施规模、位置、处理技术、用户空间关系等信息，解决规划中因为决策目标和空间格局多样性而带来的复杂性问题。

运用建立的可持续城市水环境系统规划方法和工具，本书对某新兴城市区域的水环境系统开展了规划研究，确定了该区域水环境系统的模式，提供了系统的空间布局方案，并为确定污染负荷控制率、再生水使用率等规划关键变量提供了决策依据。

本书的写作参考借鉴了大量的文献资料，在此向这些参考文献的作者表示诚挚的敬意与感谢。我们在整理参考文献的过程中，难免有个别文献遗漏或处理不当的地方，在此向文献作者表示歉意。

城市水环境系统规划是一项复杂的系统工程，涉及市政工程、环境工程、城市规划、空间科学、社会学等多学科、多领域的工作。目前，国内外在此领域的研究也处于起步阶段，可用于指导实践的理论与方法尚不成熟，迫切需要广泛而深入、细致的研究工作。本书虽然在城市环境系统规划方面进行了一定的探讨，但难免存在不足之处，敬请读者谅解并给予批评指正。

目　录

4

第1章 引　言

1.1　城市水环境系统面临的挑战

1.1.1　新型城市水环境系统的出现

城市作为水与营养物质在空间上高度富集和转化的节点，随着人口的增加、城市化进程的加快、工业化的推进以及全球气候的变化，正面临着日益严峻的水与营养物质失衡危机，由此带来的水短缺和水污染问题已经成为继温室效应之后，人类 21 世纪所面对的最为紧迫的环境问题[1]。

2003 年联合国的《世界水资源综合评估报告》指出，到 2025 年，全世界人口将增加至 83 亿人，生活在水源紧张和经常缺水国家的人数将从 1990 年的 3 亿人增加到 30 亿人，除非更有效地利用淡水资源，否则全世界将有 1/3 的人口承受中高度或高度缺水的压力；而在这 83 亿人口当中，有近 2/3 的人口将生活在城市地区[2]。城市缺水无疑是未来水问题的核心。

我国属于水资源极度紧缺的国家之一。从 1990 年到 2006 年，我国城市的数量由 467 座增加至 656 座，城市人口由 3.02 亿人增长至 5.77 亿人，城市化率由 26.4% 增加到 43.9%，城市的年用水量也从 361.8 亿 m^3 增长到 811.2 $m^{3[3]}$，其增长速度是城市人口增长速度的 1.2 倍。城市用水规模的快速扩大以及持续的干旱使得全国 660 余座城市有近 400 座面临供水不足的问题，比较严重缺水的城市达到 110 个，影响城市人口约 4000 万人[4,5]。住房和城乡建设部的内部调研报告中指出，山东省大多数城市出现了不同程度的缺水，内蒙古 18 座城市的 632 万人饮用水出现短缺，京津冀和东北部分地区的城市水源紧张。根据中国工程院《中国可持续发展水资源战略研究》的成果，到 2050 年，我国人口总数将达到 16 亿人的高峰，城市化水平将达到 60%，城市的数量将增至 1000 座以上，城市人口将达到 9.6 亿人[6,7]，如果保持现有的用水模式，我国城市的年需水量将达到 1350 亿 m^3，水资源短缺的问题将更加突出。

与此同时，与大多数发展中国家相似，我国还面临着由于水质不断恶化而带来的日益严峻的水环境危机。我国 2007 年的环境状况公报[8]显示，我国七大水系 407 个地表水监测断面中，符合饮用水水源地标准的断面比例仅为 49.9%，23.6% 的断面水质属于地表水劣 V 类水质。我国约 90% 的城市水域受到不同程度的污染，在七大水系流经的 15 个主要大城市河段中，超过 87% 的河段被严重污染[9]。全国 113 个环保重点城市的月平均不达标取水量占 20%，其中约 45% 的城市集中式饮用水源地水质存在超标现象，个别城市甚至全年超标[10]。从整体上看，我国城市水体的污染已经处于十分严重的状况。

另一方面，近年来，随着对环境问题认识空间尺度的扩大和整体性的深化，人们也开始关注进入城市的氮、磷等营养物质。这类物质的传统转移方式是营养物质通过工业化生产，将环境中稳定存在的氮和磷，以化肥的形式施入农田，再通过食物链由农村地区进入城市，经过城市的代谢后，大多以水作为输送介质，通过城市水环境系统进入城市的周边水体。据估算，即使采用目前最可行的污水处理技术，仍有 20% 的氮和 5% 的磷会最终存留在水环境中[11]。显然，这种长期持续的营养物质线性转移方式打破了地球氮、磷等物质的自然循环平衡，也破坏了营养物质在人类社会代际之间的公平分配，是城市可持续发展的重要障碍。相关研究表明，根据开采方式的不同，世界上现有的磷矿石储量只能维持100~1000 年左右的时间，当前这种使用磷的方式将使其面临被耗竭的危险，从而带来更具有挑战性的粮食安全问题[12,13]。而对于氮元素来说，尽管自然界中氮的来源是无限制的，但无论是氮的利用还是从水介质中将氮去除都需要较大的能源投入，从本质上看，这种氮再生的过程不具有有效性，是不可取的。

为了缓解上述水与营养物质的危机，近年来，人们越来越关注城市系统中水与营养物质的循环利用，并将其视为缓解资源危机和保证资源可持续利用的重要途径。与此同时，与其相关的各种新技术的开发日新月异，也为城市系统中水与营养物质的循环提供了可行的技术保障[14-17]。这些理念、方法和技术上的变革，使得处于水与营养物质流动耦合节点的城市水环境系统也发生了质的变化，从传统的由污水管网和污水处理厂组成的直线型、开环式、空间布局集中的简单系统，向以污水再生利用和污水源分离为典型代表的新型可持续系统转变。

除此之外，近年来，随着膜技术、自动控制技术和传感器等技术的快速发展和应用，城市污水处理的经济规模效应显著下降，污水处理厂正逐步向小型化和分散化的方向发展[18]。与此同时，在经过几十年的运行后，传统集中式污水处理维护和管理问题日益突出，在污水的收集和输移过程中减少对管网系统的依赖已经成为一种新的技术需求[19]，这也使得城市污水处理出现了与传统大规模系统不同的，相对小规模的组团式新系统。

综上所述，为了缓解城市所面临的、日益严峻的水与营养物质的危机，以污水再生利用和污水源分离为典型代表的新型城市水环境系统开始出现。同时，材料、生物、自动控制等新技术的开发与应用为这些新型系统的使用及其小型化提供了技术保障。这些新型城市水环境系统的出现满足了城市内不断增加的水与营养物质循环的需求，也使得历时百年的单一结构特征的传统系统在结构和布局上开始呈现多样化的需求，城市水环境系统空间布局的复杂性显著增加。这种变化导致传统的系统规划方法不能满足系统的需求，迫切需要开发新的城市水环境系统规划方法和工具。

1.1.2 城市可持续发展的要求

城市水环境系统是城市可持续发展的重要基础设施之一。可持续发展的目标要求水环境系统具有多样化的功能，除了具有传统系统保证城市卫生条件、保障公众健康安全的基本功能外，还应当具有环境、资源、经济、技术和社会等多方面的可持续性。

1996 年，Beck 等人首次提出了城市水环境系统应当具有可持续性[20]，城市污水处理应当对污水及其中的营养物质进行回收再利用，以减少人类活动对自然水循环和营养物质循环的干扰。随着众多国家开始实施城市的可持续发展战略，包括城市水环境系统在内的城市水系统开始面临着如何实现可持续性的问题，可持续性城市水系统（Sustainable Urban Water System，SUWS）的概念被提出。针对 SUWS，瑞典、英国、德国、澳大利亚、新西兰等国家都开展了大量的研究[21-27]，但目前对于 SUWS 来说，还没有统一明确的定义。研究中普遍认为，SUWS 是与以经济性为唯一决策目标的城市水系统相对应的系统，它要求城市水系统应当同时满足环境、经济和社会等方面一系列的要求，例如系统资本投资、资源使用、可接受性等方面的要求[28]；要求城市水系统在为城市的公众健康和环境提供可靠保护的同时，尽可能少地使用资源[29]，在物质循环中力求城市水系统是一个闭环的系统[30]。

根据上述 SUWS 的特征，城市的可持续发展要求城市水环境系统所具有的多种功能，包括：

（1）基本功能：城市水环境系统能够有效地保证城市的卫生条件，保障公众的健康安全。

（2）环境可持续性：城市水环境系统应尽可能少地向城市环境中排放污染物，尽可能地改善城市的环境质量。

（3）资源可持续性：城市水环境系统应当尽可能少地使用资源，并且尽可能多地回收进入系统的资源。

（4）经济可持续性：城市水环境系统应当能够被支付，具有经济可行性。

（5）技术可持续性：城市水环境系统对未来技术的变化应当具有较强的适应性。

（6）社会可持续性：城市水环境系统能够被公众所接受。

在这些众多功能的要求下，与传统系统相比，可持续发展将使得城市水环境系统的功能目标复杂化。

1.1.3　系统新建与修复的双重压力

1999 年的联合国《世界人口展望》[31] 中指出，从 2000 年到 2030 年，世界人口的增长将主要集中在城市。城市人口的增长使得城市的规模扩大、密度增加、空间变异性增强，这就要求未来的城市必须新建大量的城市水环境系统，以满足城市发展的需求。英国政府预测，到 2016 年，英国城市将新增 400 万居民，这给城市水资源和环境将带来巨大的压力，如何选择合适的城市水环境系统来应对城市人口的增加，并能够促进城市的可持续发展成为英国城市水管理者亟待解决的问题[32]。对于发展中国家，新建城市水环境系统的压力更为突出。由于资金匮乏等原因，发展中国家城市水环境系统建设较晚，现有普及率较低，而且在未来，世界人口的增长将主要集中在发展中国家的城市[33]，这意味着对城市水环境系统的需求更为强烈。根据我国环境保护部的统计数据[34]，2007 年我国建制市的污水排放量为 556.8 亿 m³，化学需氧量（Chemical Oxygen Demand，COD）为 1381.8 万 t，氨氮（Ammonia Nitrogen，NH₃-N）量为 132.4 万 t。而同期我国的污水处理能力只有 377.3 亿 m³/a，占污水排放总量的 68%，运行过程中又由于污水管网不健全，运行费用困难等问题，2007 年我国实际的城市污水处理率只有 49.1%。也就是说，2007 年，我国城市有 280 亿 m³ 的污水未经处理，直接排入城市水体中，城市污水排放已经成为城市水环境质量不断恶化的主要原因之一。根据中国工程院的研究结果[6] 估算，到 2050 年，我国城市污水排放量将达到 1080 亿 m³，根据现有的污水处理水平，COD 的平均去除率为 80％，NH_3-N 的平均去除率为 70％[35]，2050 年全国城市的 COD 和 NH_3-N 排放量如果要维持 2007 年的水平，城市污水处理率至少要达到 95％。如果要在目前的城市水环境系统建设状况下实现该目标处理率，根据《城市污水处理工程项目建设标准》[36]，到 2050年，我国城市污水处理的累计投资至少要达到 3100 亿元，如果再考虑配套管网的建设，系统的投资将更大。

此外，随着时间的推移，已经建成的城市水环境系统将面临日益严峻的修复压力。澳大利亚[37]根据城市水系统建设材料的寿命、系统运行的环境以及工况等因素，建立了城市水系统的寿命矩阵，其研究结果表明，污水管网的平均寿命大约为 80～100 年，处理设施等其他构筑物的平均寿命为 15～50 年。根据这个结论，现有的城市水环境系统，特别是系统普及较早的欧洲和北美发达国家城市的系统已经开始老化，普遍进入系统的修复期或者重建期。在过去的 20 年中，美国已投入了近 1 万亿美元进行城市水系统的修复和重建，但美国环保署（United States Environmental Protection Agency，USE-PA）的相关研究表明，即使保证这样的投资强度，到 2020 年，美国在城市水系统修复和建设方面仍将会出现 5000 亿美元的资金缺口[38]。在我国，随着近些年城市人口的增长，环境标准的严格，20 世纪八九十年代建设的城市水环境系统也开始进入升级和改造阶段。

由此可见，不论在国际还是国内，城市水环境系统都面临着新建、修复和升级改造的多重压力，如何在建设和修复中改造传统系统的弊端，提高系统的可持续性，也是摆在我们面前的一项迫切任务。

1.2　城市水环境系统规划设计面临的问题

新型城市水环境系统的出现，城市可持续发展对城市水环境系统可持续性的要求使得系统的结构、布局与功能目标等开始出现多样化的趋势。这些变化显著增加了系统规划的复杂性，主要表现在以下三个方面，一是由于系统结构多样化而导致的规划过程中系统可选模式的多样化；二是由于系统布局多样化而导致的系统空间格局的多样性；三是由于系统功能目标多样化而导致的规划决策目标的多样化。对于这一系统规划的复杂性问题，现有的以系统经济性为唯一目标，基于经验的情景规划方法显然不能有效地对其进行解决。因此，如何合理地对城市水环境系统进行规划进而促进城市的可持续发展已成为了城市水系统管理中迫切需要解决的问题。

要合理地对城市水环境系统进行规划，其核心是要在系统规划的过程中解决上述系统规划所面临的复杂性问题，主要包括以下三个方面：

（1）如何正确地认识包括传统系统、回用系统以及源分离系统在内的多种模式城市水环境系统之间的差异？该问题的核心是要对各种模式系统的潜力进行判断分析，进而明确各种模式系统适用的条件。

（2）为了促进城市的可持续发展，使城市水环境系统具有可持续性，应当构建什么样的规划方法来逐一解决系统规划过程中所面临的由于可选模式、空间格局及决策目标多样性而带来的规划复杂性问题？该问题的核心是在明确可持续性城市水环境系统定义、功能和特征的基础上，确定系统规划的目标和基本原则，进而建立能够解决系统规划复杂性问题的规划方法。

（3）应当开发什么样的辅助规划工具来解决城市水环境系统规划的复杂性问题，并且提高系统规划的合理性和科学性？该问题的核心是根据所构建的系统规划方法的科学问题本质，建立能够解决系统规划复杂性的相关模型工具，为建立的规划方法提供实际操作的技术保障。

上述三个方面无疑是解决城市水环境系统规划复杂性问题的关键，对它们的科学回答将为城市水环境系统的规划提供合理的决策依据，将促进城市水系统的可持续性建设。

1.3　本书的目的、内容及意义

1.3.1　本书的目的

本书针对 1.2 节提出的城市水环境系统规划复杂性所迫切需要解决的三个方面的问题，分析了不同模式城市水环境系统的潜力，开展了可持续性城市水环境系统规划方法的研究，并开发了相应的规划工具。本研究的目的是建立一套科学合理、满足城市可持续发展需求、能够为城市水系统管理提供决策支持的城市水环境系统规划方法及规划工具，并将其应用于具体的城市水环境系统规划实例研究当中。

1.3.2　研究内容

根据 1.2 节提出的城市水环境系统规划亟待解决的三个方面问题，本书的研究内容包括以下四个方面：

（1）各种模式城市水环境系统的潜力判断分析

在成本效益分析的框架下，利用物质流分析、工程经济学相关知识及不确定性分析等方法，建立考虑城市水环境系统规划不确定性影响的、能够对系统进行长远潜力判断的系统潜力分析方法，并利用该方法对传统系统、回用系统和源分离系统在全国层面和分地区层面的潜力进行估算，初步分析在我国使用回用及源分离两种新型城市水环境系统的时空条件。

（2）可持续性城市水环境系统规划方法的构建

基于对城市水环境系统演变的驱动力分析以及可持续性城市水环境系统基本概念的解析，提出可持续性城市水环境系统规划的目的及原则。依据规划原则，在现有系统规划方法的基础上，构建概念层次规划和布局层次规划两个重点规划环节，提出以系统可持续性为目标，以多层次、多目标、多方案计算为特征的可持续性城市水环境系统规划方法，解决城市水环境系统规划过程中因为系统模式、空间格局和决策目标多样性而带来的复杂性问题。

（3）可持续性城市水环境系统规划工具集的开发

根据所建立的可持续性城市水环境系统规划方法的需求以及科学问题的本质，开发可持续性城市水环境系统规划工具集，包括用于系统概念层次规划的、不确定性分析框架下的多属性决策模型——城市水环境系统模式筛选模型；用于系统布局层次规划的、多目标空间优化模型——城市水环境系统布局规划模型,并为城市水环境系统布局规划模型开发用于多目标空间优化的图论—遗传集成算法。

(4) 可持续性城市水环境系统规划案例研究

利用所建立的可持续性城市水环境系统规划方法以及开发的相关规划工具,对某新城水环境系统进行规划研究,确定当地城市水环境系统的模式与空间布局,完成系统概念层次和布局层次的规划,为该地区水环境系统工程层次的规划提供推荐方案。同时,案例研究将对本研究工作的实用性进行检验。

1.3.3 研究意义

首先,本书建立的城市水环境系统潜力判断分析方法能够对各种模式城市水环境系统的长远潜力进行判断,加深了对各种模式系统的认识。利用该方法对三种模式系统(传统系统、回用系统以及源分离系统)在全国及各地区两个层面进行潜力估算的结果,明确了三种模式系统适宜建设的时空条件,为我国可持续性城市水环境系统规划政策的制定提供了依据,与此同时,还反映了可持续性城市水环境系统规划方法及工具集构建的必要性。

其次,可持续性城市水环境系统规划方法和工具集的构建解决了可持续性城市水环境系统规划过程中因为决策目标、模式选择和空间格局多样性而带来的系统规划复杂性问题;解决了在空间上生成和筛选出多目标、多模式的可持续性城市水环境系统规划方案的技术难点;降低了城市水环境系统规划过程中的主观性和经验性,提高了科学性和定量化水平,为城市水环境系统的规划决策提供了有效的工具。

最后,应用所建立的规划方法和规划工具进行的城市水环境系统规划的案例研究进一步体现了本研究在城市水环境系统规划过程中的决策支持作用以及实际意义。

1.4 本书的结构

本书一共分为7章,结构如图1.1所示。第1章即本章,介绍了开展可持续性城市水环境系统规划方法与规划工具研究的背景、目的、意义、内容以及本书的结构。第2章在广泛文献调研的基础上,介绍了传统城市水环境系统以及污水回用和污水源分离两种新型城市水环境系统的组成、结构及特征,较为系统地综述了国内外关于城市水环境系统规划的现状以及规划技术研究的进展,分析了现有研究成果与本研究需求之间的相似与不同。第3章建立了城市水环境系统潜力分析判断的方法,并利用该方法对传统系统、回用系统以及源分离系统三种模式的城市水环境系统在全国及各地区的潜力进行了分析。第4章提出了可持续性城市水环境系统的定义,分析了其特征,并在此基础上制定了可持续性城市水环境系统规划的原则,构建了可持续性城市水环境系统规划的方法。第5章根据可持续性城市水环境系统规划方法的需求,开发了包括城市水环境系统模式筛选模型和城市水环境系统布局规划模型在内的可持续性城市水环境系统规划的工具集。第6章开展了城市水环境系统规划的案例研究,检验了本研究构建的规划方法和开发的规划工具的实用性。第7章为结论与建议,总结了本研究取得的主要研究成果,并对后续研究提出了建议。

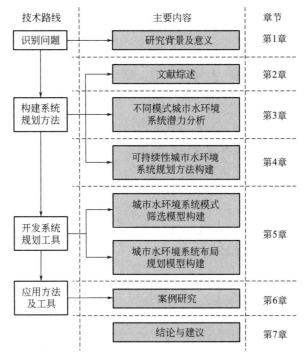

图 1.1 本书结构

第 2 章　文　献　综　述

本章在广泛文献调研的基础上，根据现阶段城市水环境系统研究的热点，对城市水环境系统、城市水环境系统规划现状以及国内外城市水环境系统规划方法和技术的研究进展进行了综述。其中，城市水环境系统综述部分归纳了传统城市水环境系统以及污水回用和污水源分离两种新型城市水环境系统的组成、结构及特征；城市水环境系统规划现状综述部分总结了现有城市水环境系统规划的方法、流程以及不足；城市水环境系统规划方法和技术研究进展综述部分在介绍现有研究的基础上，分析了现有研究成果与本研究需求之间的相似与不同，进而提出了本研究的主要目标。

2.1　城市水环境系统

城市水环境系统是城市的重要基础设施之一，是城市水系统主要的子系统，其雏形可以追溯到公元前 5000 年古希腊克里特岛上弥诺斯居民修建的简单下水道系统。1887 年，德国第一座污水处理厂在法兰克福建成并运行，标志着以管网和处理设施为主要组成，以收集、输送、处理和排放城市污水为一体的传统城市水环境系统开始形成并普及[39]。

城市水环境系统在结构上连接了城市自然水体和用水用户，在功能上受到城市自然水体与用水用户需求的驱动，具有自然和人工的复合性。同时，城市水环境系统将水与营养物质的自然循环和社会循环在城市节点耦合，是城市可持续发展的重要保障之一。

2.1.1　传统城市水环境系统

传统城市水环境系统（下文简称"传统系统"）诞生于 19 世纪的欧洲，沿用至今已有 100 多年的历史，目前仍被大多数城市广泛使用。传统系统的典型结构如图 2.1 所示，包括污水管网和污水处理厂两部分。城市生活用水用户，包括居民生活用户和公共行业用户，以及工业用户的混合排水是传统系统的输入，各用户将产生的污水排入城市污水管网，经过管网的输送，进入污水处理厂，处理后污水直接排入城市水体。传统系统能够将城市产生的污水进行有效、快速地收集、输送和处理，使得城市污水得到及时安全的排放，保障了城市的卫生条件和公众健康安全。

根据传统系统的输入、结构及其建设的规模可以发现，传统系统具有混合排水、开环结构和集中布局三个典型特征[40]。

（1）混合排水

所谓"混合排水"是指传统系统以水为介质，水与人类的排泄物等物质的共同排放。

传统系统的这一特征主要是因为传统系统的形成是基于 19 世纪欧洲发展起来的以水冲厕所为特征的生活污水的排放系统[41]，它使用水将城市主要的代谢物质——人类排泄物排出城市，在防止疾病传播和改善城市卫生条件方面起到了巨大的作用。然而，

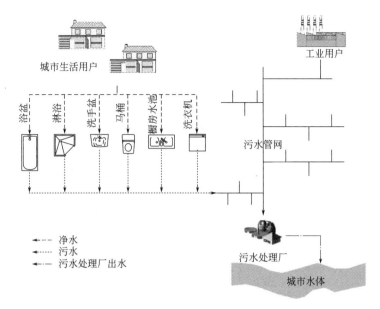

图 2.1 传统系统的典型结构

传统系统这种将水与物质耦合的排放方式使得城市污水的产生量大幅度增大,不仅增加了城市水环境系统的输送负担,也要求系统具有更高的处理能力和处理效率,这些都导致系统的建设和运行均须付出更多的经济代价,才有可能实现系统其保障城市的水环境质量的功能。

(2)开环结构

从图 2.1 中可以看出,传统系统是一个直线型的开环系统,不论是水还是以水为介质输送的城市代谢物质,一旦进入系统,经过输送和处理后,都将排入城市水体进入下游,不再返回城市系统。这种简单直线型的开环系统结构强调了传统系统的排污治污能力,同时也使得城市水环境系统直观明了,易于规划、控制和管理。但对于水来说,这种系统结构难以为其提供再次进入城市的路径;对于城市代谢物质来说,也没有提供其有效回收利用的节点。

(3)集中布局

传统系统的空间布局形式大多为集中型,即污水处理厂通常建设在系统服务区域的下游、地势较低的地方,区域内所有用户的排水通过污水管网输送到污水处理厂进行集中处理。传统系统集中的布局形式遵循了污水处理厂的规模效应,使得系统的建设具有一定投资和运行优势。然而,集中的传统系统中庞大的污水管网使得污水在管道内的停留时间过长,增大了地下水渗入管网的可能,使得污水量增大,增加了污水处理成本。此外,集中系统中局部干管的堵塞和断裂将影响整个系统的运行和区域的正常排污,使得城市水环境系统的可靠性降低。

2.1.2 污水回用系统

污水回用系统(下文简称"回用系统")是在传统系统的构成上添加了再生水厂和再生水管网所组成的新型城市水环境系统,如图 2.2 所示。回用系统中收集的污水经过城市

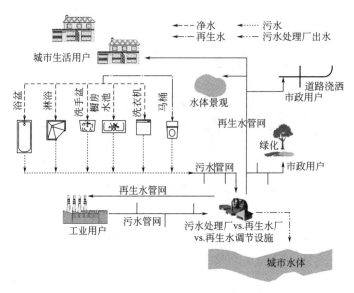

图 2.2　回用系统的典型结构

污水处理厂处理后，一部分排入城市水体，另一部分进入再生水厂，经过进一步处理后，由再生水管网输送给城市中各个再生水用户。城市中主要的再生水用户包括居民家庭用户和公共行业用户，主要使用再生水进行冲厕；市政用户，主要使用再生水进行道路浇洒和绿化；工业用户，主要使用再生水进行生产过程中的冷却、洗涤、锅炉用水等；城市景观，主要使用再生水进行景观河湖或湿地的补水[42]。对于不同的再生水用户，再生水需求水量的季节性变化和水质也不相同。

在回用系统中，再生水厂所采用的处理技术包括两类，一类为污水的深度处理技术，例如化学除磷、过滤、膜技术等，它将进一步去除污水处理厂出水中的污染物，使其满足再生水用户的水质需求；另一类为污水消毒技术，包括氯消毒、紫外消毒等，它将去除污水处理厂出水中的微生物，以保证再生水使用的卫生安全性。此外，再生水的供给与传统水源的供给明显不同，由于再生水的产生是连续的，而且在大多数情况下，再生水产生量与需求量的峰值之间并无相关性，产生的再生水如果不能立即利用，就必须进行储存，因此，在回用系统中，再生水调节设施，特别是季节性调节设施，也是系统的重要组成单元之一。再生水管网属于有压管，但与传统给水管网不同，它可以采用枝状管网进行铺设。

从图 2.2 所示的系统结构和上述对系统的描述中可以看出，与传统系统相比，回用系统最大的特征是为进入城市的水资源构建了循环路径，使得城市水环境系统的结构由开环变化为闭环。回用系统的这一特征降低了城市对新鲜水资源的依赖性，减缓了人类社会对自然水循环的干扰，也减少了城市水体的污染物接纳量，有助于改善城市的水环境质量。由此可见，回用系统既可以节约水资源又可以减少城市的水污染负荷排放，是一种同时具有资源效益和环境效益的新型城市水环境系统。

回用系统结构上的变化使得其与传统系统相比，在系统空间布局特征上也存在着差异。传统的集中系统布局必然导致回用系统具有大规模的有压再生水管网，这使得城市水环境系统的经济投资大幅增加。如果只考虑经济影响，通过计算规模效应下城市水环境系统的理想规模，可以发现，回用系统的理想规模要小于传统系统的理想规模[43]。除了经济因素外，系统出水水质的要求也使得传统的集中系统布局对于回用系统来说并不适宜。传统系统只关注系统出水的理化指标，而对于回用系统来说，还需要关注系统出水的微生物指标。集中布局系统中大规模的再生水管网容易造成管网的二次污染，使得再生水用户的用水安全性降低。综合以上两点可以看出，与传统系统的大规模水厂和管网建设不同，相对小规模的组团式水环境系统不论在经济上、投资风险控制上还是再生水的安全使用上都更适合于回用系统[19]。

2.1.3　污水源分离系统

根据水质的差异，城市污水可以分为灰水（Grey Water）和黑水（Black Water）两类。灰水是指生活污水中除去厕所排水以外的部分，主要包括浴室、水池、厨房、洗衣机等用水器具产生的污水，产生量占城市生活污水产生量的 70%～75%[44]；黑水则是指生活污水中的厕所排水部分，一般占城市生活污水的 30%左右，根据厕所排水中排泄物质的不同，黑水又可分为排除人类尿液的黄水和排除人类粪便的褐水两类。各类城市污水的污染物组成见表 2.1。

城市生活污水的组成[45]　　　　　　　　　　　　　　　　表 2.1

用　　户	灰　　水	黑　　水	
		黄水（尿液）	褐水（粪便）
COD(%)	41	12	47
N(%)	3	87	10
P(%)	10	50	40
K(%)	34	54	12

从表 2.1 中可以看出，仅占城市生活污水量 30%的黑水却包含了城市生活污水中 59%的 COD，97%的 N，90%的 P 和 66%的 K。与其相比较，灰水的污染物含量则较低，特别是 N 和 P 的含量。由此可见，在传统系统和回用系统中，灰水与黑水的混合收集与处理增加了城市水环境系统的水力与污染负荷，增大了系统的建设和运行费用。同时，由于无法对进入城市水环境系统的营养元素 N、P、K 进行有效的回收，使其最终散失在城市水体中，既造成了城市水环境的污染，又浪费了资源。Beck 等人[20]对进入城市水系统中多种物质的流动进行了分析，结果表明，对于营养物质来说，将其进行收集和回收后返回土壤系统对物质自然循环的扰动最小。鉴于这些原因，近些年来开始出现根据污水水质的不同，在源头对污水进行分质排放的理念，并提出了将灰水、黄水和褐水分别进行收集、处理和排放的污水源分离系统[46,47]（下文简称"源分离系统"），如图 2.3 所示。在源分离系统中，灰水经过收集和处理后，通过再生水管网输送给城市内的再生水用户进行回用；黄水和褐水则通过各自的处理系统进行处理后以肥料的形式回用于农业生产，从而实现营养物质的回收利用[48]。

由上可知，与传统系统和回用系统相比，源分离系统最明显的特征是在城市水环境系统内为水与营养物质提供了循环的路径，从而使系统具有了两个闭环结构。

源分离系统内的水循环主要通过系统内灰水的收集处理来实现，灰水处理厂采用灰水处理技术和灰水消毒技术对灰水进行处理，使其满足城市中再生水用户的水质需求。目

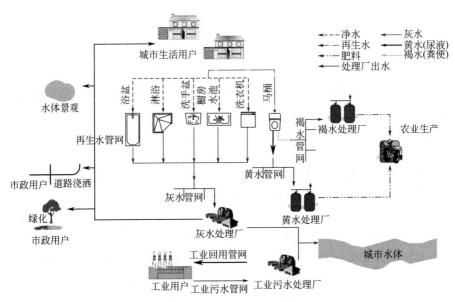

图 2.3 源分离系统的典型结构

前，通常采用的灰水处理技术可以分为以"过滤＋消毒"两阶段处理工艺为代表[49]的人工强化物化处理技术、以膜生物反应器工艺（Membrane Bioreactor，MBR）和曝气生物滤池（Biological Aerated Filters，BAF）两种[50-52]为代表的生物处理技术，以及以湿地处理为代表的自然生态处理技术；而灰水消毒技术则与污水消毒类似[53]，包括紫外消毒、臭氧消毒和氯消毒三种。比较灰水和污水处理回用技术发现，灰水处理的工艺简单，相应满足城市再生水需求的投资也相对较少。除此之外，由于灰水水质明显优于城市污水水质（表 2.2），因此，使用灰水作为城市再生水的水源提高了城市再生水使用的安全性，使得再生水的公众可接受性增强。正是因为这种经济和水质上的优势，目前不少研究认为灰水是最具有发展潜力的再生水水源之一，源分离系统内的污水再生利用比回用系统的更为可靠。

灰水与城市污水的水质比较[54-58]　　　　　　　　　　　　　表 2.2

污水类型	COD(mg/L)	TN(mg/L)	TP(mg/L)	FC(10^4个/100mL)
灰水	495～682	8～11	4.6～11	25～1600
城市污水	250～800	20～70	4～12	100～100000

源分离系统内的营养物质循环主要是通过系统内黄水和褐水的收集处理来实现。黄水经收集后，通过储存进行卫生稳定或者直接进行化学沉降和汽提被转化为肥料，然后用于农业[59]。目前最常用的黄水处理技术是将收集的黄水储存 6 个月以上，进行卫生稳定，然后作为肥料用于农业。这种处理黄水的技术在瑞典和德国都进行了工程案例研究，可靠性较高[60,61]。采用这种技术处理黄水，除了 1% 左右的 N 挥发进入大气外[62]，黄水中的 COD 和 P 将全部转化为肥料。系统收集的褐水经过固液分离后，含有绝大多数污染物的固体部分通过堆肥处理，将褐水中有效的干物质高效、可靠地转化成肥料或土壤调节剂。在此过程中，COD、N 和 P 主要转化为肥料或排入大气中，极少部分进入堆肥过程中所产

生的渗滤液[62,63]。

除了上述双闭环结构特征外，事实上，营养物质的循环利用是城市污水循环利用更高层次的需求，因此，源分离系统还具有同回用系统类似的系统布局特征。

2.2 城市水环境系统规划

2.2.1 城市水环境系统规划的现状

城市水环境系统规划是在遵循城市总体规划的前提下，以实现规划区域对城市水环境系统的功能定位为根本目标，对规划区域的水环境系统进行方案设计[64]。

现阶段的城市水环境系统规划专指对传统系统的规划，确定规划区域内污水管网和污水处理厂的空间位置和能力，主要任务包括：确定污水排放的用户、预测城市污水产生量、进行水环境系统布局和能力确定等[65]。从规划流程上看，现阶段城市水环境系统的规划大致可以分为四步[66]，如图 2.4 所示。首先，在收集规划区域基础数据信息的基础上，确定规划区域内现有城市水环境系统的问题，并利用当地城市总体发展规划等支配性规划，明确城市水环境系统的规划目标。其次，利用收集到的区域基础数据信息，对规划过程中需要的数据信息进行预测，主要包括区域内的人口数量及其空间分布，区域规划年份的用地情况以及规划过程中需要的相关水量指标，主要指区域内各类污水排放用户的污水排放量。然后，根据规划区域当地的情况，在遵循相关设计规范的前提下，利用传统系统集中布局的特征和规划者的经验，对规划区域的城市水环境系统进行空间布局，确定污水管网的铺设和污水处理厂的位置。在此基础上，根据预测的水量及规划区域的水体环境功能，确定水环境系统内各个设施的规模及污染物去除能力。最后，

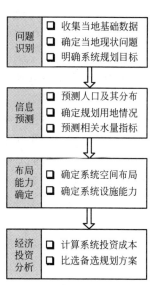

图 2.4　现阶段城市污水处理系统规划流程

利用工程经济学的相关知识，对通过上述过程得到的若干个系统规划方案进行经济投资分析，然后经过成本比选，确定规划区域的水环境系统方案。

近年来，随着污水再生利用在城市的兴起，独立于城市水环境系统规划的城市再生水系统规划开始出现。再生水系统规划的主要任务包括：确定再生水水源，确定再生水厂的厂址、处理工艺方案和输送再生水的管线布置，确定用户配套设施，进行相应的工程概算、投资效益分析和风险评价[67,68]等；其主要流程包括[69]：

（1）识别规划区域内现状和未来的再生水用户；

（2）确定各个再生水用户的再生水需求量以及需求的季节变化；

（3）根据再生水用户的水质需求，确定再生水系统需要达到的出水水质；

（4）评估现有或拟建的污水处理设施是否能够满足区域内再生水用户的水量及水质需求，对于不能满足的设施，确定升级的标准；

（5）在空间上布置再生水输送系统，并进行输送系统能力的确定；

（6）在考虑再生水供给可靠性、工程可行性、系统环境影响、系统管理难度、公众可接受程度等多项因素下，对通过上述过程得到的若干个再生水系统规划方案进行技术可行性分析；

（7）利用生命周期成本计算的方法对通过技术可行性分析的备选方案进行经济可行性分析。

2.2.2 现阶段城市水环境系统规划的不足

通过上述对城市水环境系统规划现状的综述可以看出，现阶段城市水环境系统规划存在着以下不足：

（1）现阶段规划的内容与深度无法满足新型城市水环境系统的要求。

现阶段城市水环境系统的规划只是指对传统系统的规划，单从规划内容来看，它无法满足新型城市水环境系统的要求。近年来，为了缓解城市水危机，推行回用系统的建设，城市水环境系统规划的内容开始拓宽，城市开始编制再生水系统规划。然而，目前再生水系统的规划与水环境系统的规划相对独立，仅靠水量和污水处理设施的位置对系统内的污水处理单元和再生水处理单元进行松散连接。事实上，回用系统中污水处理与再生水处理两个单元间并不单是水量方面的相互联系，再生水的使用改变了城市中水和物质流的流向和强度，这些都将对整个系统的布局、处理能力、技术选择等造成影响。因此，现阶段这种按照新型系统内所添加的单元，相对独立地拓展城市水环境系统规划内容的方法将破坏整个城市水环境系统的整体性和功能性。由此可见，即便添加了再生水系统的规划，现阶段城市水环境系统规划的深度也不足，无法满足新型系统的要求。

（2）以经济性为唯一的规划目标无法满足系统可持续性的要求。

不论是目前的城市水环境系统规划，还是再生水系统规划，大多都是以系统的经济性为唯一的规划目标。尽管近年来越来越多的实例在规划的过程中也考虑了规划方案的环境、资源、社会等各方面的影响，但这些因素都是以约束或边界条件的形式出现在系统规划中，并不是系统的规划目标，这使得规划方案在本质上具有经济优先性，这与城市可持续发展要求城市水环境系统具有的可持续性并不一致。城市水环境系统的可持续性要求在系统规划的过程中不仅要关注系统的经济性能，还要同时将系统的环境、资源、技术及社会等各方面的可持续性也列为规划目标。由此可见，现阶段城市污水厂处理系统以系统经济性为唯一规划目标的方法无法满足系统可持续性的要求[70-72]。

（3）经验性的情景布局方法无法解决系统规划的复杂性问题。

现阶段的城市水环境系统规划是在遵循基于污水处理厂规模效应所构建的尽可能集中处理污水的规划原则基础上，以规划者的经验对系统进行情景式的布局。对于传统系统来说，之所以可以采用这种系统布局规划的方法，其主要原因包括两个方面：首先，现有的城市水环境系统规划以系统的经济性为唯一规划目标，这使得污水处理厂的规模效应优势尤为显著；其次，传统系统主要由污水管网和污水处理厂两部分组成，结构简单，这使得集中处理污水这一原则在以系统经济性为唯一目标的规划中具有一定的科学性，同时也使得在这样的规划原则下，根据规划者的经验给出的情景式的规划方案具有一定的代表性。

然而，面对城市水环境系统日益多样的功能目标和结构组成，现阶段这种基于经验的情景布局方法并不能解决系统规划不断复杂的要求。城市水环境系统的可持续性要求系统的规划目标多样，这就使得集中处理污水这一规划原则对于系统规划目标的实现不再具有普遍性和可靠性。此外，新型城市水环境系统复杂的结构使得系统布局方案的可能性大幅度增多，以回用系统为例，由于不再遵循系统集中大规模布局的原则，系统内潜在处理设施（包括污水处理厂、再生水厂及再生水季节调节设施）的个数与位置将会显著增多；每个处理设施服务的空间范围将可大可小，选择多样；满足一定再生水使用率的系统内再生水用户的组合多种；因为用户组合的不同，系统内处理设施处理技术的选择也将增多等，这些都使得同一区域的回用系统有多种布局的可能。由此可见，在这种复杂的情况下，根据规划者经验给出的情景式的规划方案不一定具有代表性，反而会影响系统规划的合理性和科学性。

因此，现阶段非常有必要也非常亟须开展关于城市水环境系统规划的研究，建立能够满足新型城市水环境系统规划内容与深度扩展要求，满足城市水环境系统可持续性要求，满足城市水环境系统规划复杂性增加要求的可持续性城市水环境系统规划方法，这也将是本书的研究重点之一。

2.3　城市水环境系统规划的相关技术研究

从城市水环境系统规划的现状来看，现有的规划方法和技术并不能解决因为城市可持续发展和新型城市水环境系统出现而带来的城市水环境系统模式、空间格局和决策目标多样性的问题，因此，必须构建新的城市水环境系统规划方法，并且开发相应的规划技术，以解决现阶段城市水环境系统所面临的规划复杂性问题。鉴于这样的需求，本节将针对1.2 节中提到的城市水环境系统规划复杂性所需要解决的三个方面问题，对现阶段国内外城市水环境系统评估技术和空间布局技术的研究进展进行综述。

2.3.1　城市水环境系统评估技术

城市的可持续发展要求城市水环境系统具有可持续性，即在具有良好的排污功能及经济可行性的同时，还要具有一定的环境、资源、技术和社会方面的功效。在这样的要求下，近年来，城市水环境系统的评估已从过去的单维度评估，例如通过系统运行的可靠性来对系统进行评估[73]，通过系统内各个单元功能实现的程度来对系统进行评估[74-77]，转变为多维度的综合评估，即在可持续发展理论的框架下，从多个角度对城市水环境系统进行长期、系统地考察。

根据评估采用的核心方法不同，目前关于城市水环境系统评估的研究可以分为三类：基于可持续性指标（Sustainable Indicators，SIs）的评估，基于生命周期分析（Life Cycle Analysis，LCA）的评估，以及基于成本效益分析（Cost- Benefit Analysis，CBA）的评估。

2.3.1.1　基于 SIs 的系统评估

基于 SIs 的评估最早是用于对城市、区域或者国家可持发展水平的评价，随着城市可持续发展的兴起，这种评估方法也开始被广泛地用于包括城市水环境系统在内的城市基础设施的评价[78-80]。

基于 SIs 的评估框架如图 2.5 所示[81,82]，首先是要结合评估的目的，对评估对象进行系统分析，确定评估准则；其次，在准则确定的基础上，构建各项准则下的对应的评价指标，并对各项指标进行量化；最后利用加权代数集成、加权几何集成、层次分析法（Analytic Hierarchy Process，AHP）等指标集结方法对评估对象进行综合评估，并对多个评估对象的评估结果进行排序。

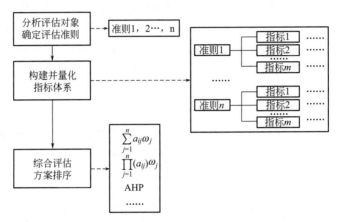

图 2.5　基于 SIs 的评估框架

从上述 SIs 的评估框架中可以看出，基于 SIs 的系统评估实质上是对城市水环境系统进行的可持续性多准则综合评估，在整个评估的过程中，评估准则的选择和制定是关键，它将决定评估从哪些方面对城市水环境系统的可持续性进行考察，也将直接影响选择哪些具体的评价指标对城市水环境系统的可持续性进行评估。根据评估准则的不同，目前关于城市水环境系统综合评估的研究大致可以分为如下两类。

（1）以可持续性评估模型的框架作为系统评估准则

该类研究通常以可持续发展评估模型 PSR（Pressure- State- Response，压力—状态—响应）模型或 DPSIR（Driving- Pressure- State-Impact- Response，驱动力—压力—状态—影响—响应）模型[83,84]的框架为城市水环境系统评估的准则，分别构建能够表征系统"压力、状态、响应"或"驱动力、压力、状态、影响、响应"各方面状况的评估指标体系，通过对指标的量化和集结，来表征所评估城市水环境系统的可持续性。

Bagheri 等人[85]以 DPSIR 模型为准则，构建并量化了包括水资源开采能力指数（＝提供的净水量/开采的净水量）、水资源依赖性指数（＝开采的水资源量/可利用的水资源量）、污水排放指数（＝处理的废水量/开采的水资源量）、地下水压力指数（＝现状的地下水水位/正常的地下水水位）、系统功能性指数（＝供水量/需水量）等在内的七项评估指标，并利用模糊推断的方法将各指标进行了集结，对包括城市水环境系统在内的德黑兰城市水系统进行了可持续性的动态评估。

（2）以可持续发展的内涵作为系统评估准则

可持续发展的内涵是指经济、社会、资源和环境等各方面的协调发展。根据这一含义，现阶段大多数基于 SIs 的城市水环境系统评估研究都以系统的经济、社会、资源、环境等性能作为评估的准则，构建相应的描述系统各项性能的评估指标体系，对系统的可持续性进行评估。

　　1999 年瑞典战略环境研究基金（Swedish Foundation for Strategic Environmental Research，MISTRA）开展的可持续性城市水管理项目（Sustainable Urban Water Management）以城市水系统的健康和卫生性能、社会文化性能、环境性能、经济性能以及功能和技术性能为准则，构建了城市水系统的评价指标体系[86]。Ugwu 等人[87]通过对城市基础设施利益相关者的调查，确定了以系统环境性能、经济性能、社会性能、资源性能及安全性能作为城市水系统可持续性评估的准则。与以可持续性评估模型框架作为评估准则的研究相比，该类评估中的各项准则之间不具有明显的因果关系，评估试图使用一种平等的方式对系统的各方面性能进行刻画，进而对系统的可持续性进行表征。

　　表 2.3 中汇总了部分以可持续发展内涵作为评估准则，对城市水系统或水环境系统进行评估研究的评估指标，在不考虑决策偏好的情况下，各项评估指标对系统可持续性的影响是平等的。此外，根据所罗列的各项评估指标的定义可以看出，以可持续发展的内涵作为评估准则的，基于 SIs 的城市水环境系统评估是一种定量与定性相结合的综合评估。

以可持续发展内涵为准则的评估指标汇总　　　　　　　　　表 2.3

准则	评估指标 研究	H[86]	M[88]	B[89]	D[90]	F[91]	S[92]	P[93]	O[13]
经济	建设成本	√	√		√	√	√	√	
	运行维护成本	√	√		√	√	√	√	
	投资风险		√			√			
环境	地下水位	√							
	COD 排放量				√	√	√		√
	N、P 排放量	√		√		√	√		
	CO₂ 排放量	√				√	√		
	排入水体的重金属量	√		√		√	√		
	排入土壤的重金属量	√	√			√	√	√	
	土地使用量	√				√	√		
	电力及化石燃料使用量	√	√	√		√	√	√	√
	新鲜水资源使用量	√				√	√		
	化学药剂使用量	√		√			√		√
	N、P 回收量	√	√				√	√	√
	污水回用量				√				√
	对当地生态的影响				√	√			√
社会	工作岗位提供量	√							
	公众可接受性	√	√	√		√	√	√	
	公众参与程度					√			
	制度的需求	√	√						
安全	饮用水水质	√	√	√					
	不能获得饮用水的人数	√							
	传染病发生的次数及影响人数	√				√	√		

续表

准则	研究 评估指标	H[86]	M[88]	B[89]	D[90]	F[91]	S[92]	P[93]	O[13]
技术	系统溢流量	√	√						√
	系统故障次数	√	√			√	√	√	√
	管网渗漏量	√							
	污水管网外来水量	√							
	耐久性					√			
	灵活性	√		√	√	√	√		

2.3.1.2　基于 LCA 的系统评估

根据 LCA 的分析框架，基于 LCA 的城市水系统或城市水环境系统的评估框架如图 2.6 所示[83]。整个评估是一个具有反馈的不断调整的过程，一共分为以下六步：

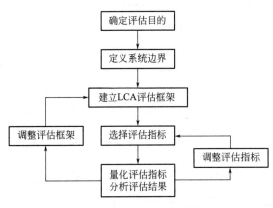

图 2.6　基于 LCA 的评估框架

（1）确定评估目的

现阶段城市水系统或城市水环境系统评估的目的是评价系统的可持续性，进而支持和改进系统的规划、运行和管理，使其能够促进城市的可持续发展。在基于 LCA 的系统评估中，系统的可持续性被定义为系统的环境可持续性，即通过系统在整个生命周期内对环境的影响来表征系统的可持续性。

（2）定义评估的系统边界

评估的系统边界包括时间边界，即城市水系统或水环境系统的寿命期，包括系统规划、建设及使用的时间范围；空间边界，即评估中考察的城市水系统或水环境系统影响的空间范围，可以是系统的服务区域、系统所在的城市甚至可以是更大范围，例如区域、全球等；功能边界，即所评估的城市水系统或水环境系统的各个组成单元。

（3）建立 LCA 评估框架

根据评估的系统边界，利用物质流分析等方法构建 LCA 的评估框架，对城市水系统或水环境系统在寿命期内所产生的环境影响进行分析，明确系统各个单元在时空边界内对资源和能源的需求以及污染物的排放情况。

（4）选择评估指标

基于建立的 LCA 评估框架，根据文献调研和真实的案例研究，选择能够表征城市水系统或水环境系统在时空边界内对环境和资源主要影响的指标作为评估指标来反映系统的可持续性。

（5）量化评估指标并对结果进行分析

根据所选取的评估指标，采用与各项指标含义相对应的计算方法对各项指标进行量化；在量化的基础上，对评估对象各项指标的差异进行分析，进而比较各个评估对象间的可持续性。

（6）调整评估框架及指标

通过评估的结果，调整 LCA 的评估框架以及评估过程中所选择的评估指标，使整个评估更为合理有效。然后，重复上述（1）～（5）步的基于 LCA 的对城市水系统或水环境系统的评估过程，利用调整后的评估框架和指标对系统进行可持续性的评估。

图 2.7 给出了近些年来采用基于 LCA 的系统评估方法对包括传统城市水环境系统在内的传统城市水系统进行评估研究的系统功能边界，其中，边界 1a 指传统的给水系统，边界 1b 指传统的水环境系统，边界 2 指不包括污泥处理在内的传统城市水系统，边界 3 指包括污泥处理在内的传统城市水系统。从评估系统的功能边界划分可以看出，基于 LCA 的系统评估不仅涉及组成系统的各个单元，还涉及系统的资源性能和环境性能影响到的、与系统相关的其他系统单元，例如化学药剂生产单元、能源生产部门、城市水体单元等。

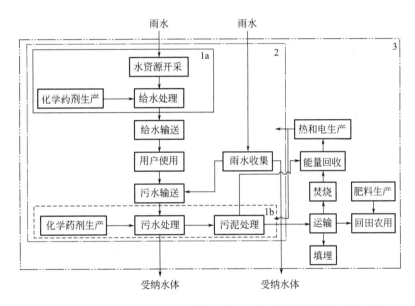

图 2.7　已有的基于 LCA 对传统水系统进行评估研究的系统功能边界

表 2.4 列出了上述研究中用于描述城市水系统或水环境系统与相关外界系统之间物质与能量交换的评估指标，反映了评估系统在时空边界内对环境和资源主要影响。其中，指标 1～4 表征了评估系统物质和能源的需求情况；指标 5～9 表征了评估系统污染物的排放情况；指标 10 和指标 11 则表征了评估系统物质和资源的回收能力。

已有的基于 LCA 对传统水系统进行评估研究的评估指标　　　　表 2.4

编号	指　　　标	系统功能边界	出处
1	给水处理化学药剂的需求量	1a、2	Lundin 等人[94]
2	污水处理化学药剂的需求量	1b、2	Balkema 等人[95]
3	给水过程中能源的使用量	1a、2	Crettaz 等人[96]
4	污水处理过程中能源的使用量	1b、2	Lundin 等人[94] Roeleveld 等人[97]

编号	指　标	系统功能边界	出处
5	排入水体中的 BOD、N 和 P 总量	1b、2	Balkema 等人[95] Lundin 等人[94] Roeleveld 等人[97] Tillman 等人[98]
6	排入水体中的重金属总量	1b、2	Roeleveld 等人[97] Crettaz 等人[96]
7	污泥填埋总量	1b、2	Balkema 等人[95] Roeleveld 等人[97]
8	污泥运输距离	3	Sonesson 等人[99]
9	排入土壤中重金属的总量	3	Crettaz 等人[96]
10	从沼气中回收的能量	3	Balkema 等人[95] Lundin 等人[94] Tillman 等人[98]
11	N、P 回收农用量	3	Balkema 等人[95] Lundin 等人[94] Tillman 等人[98]

除了用于对传统系统进行评价外，Jekel 等人[100]用基于 LCA 的评估方法对传统系统、回用系统和源分离系统在德国的建设和使用进行了评估和比较。评估结果表明，两种新型的城市水环境系统——回用系统和源分离系统在污染物排放和资源回收方面比传统系统具有明显的优势，尤其是源分离系统，它回收了污水中大量的 N、P 营养元素，既直接减少了城市水环境系统污染物的排放量，也为农业生产提供了肥料，间接减少了由于肥料生产所带来的资源消耗、能源需求以及污染物排放。

2.3.1.3　基于 CBA 的系统评估

CBA 是项目或方案可行性评估最常用的工具之一，它将评估过程中涉及的项目或方案的各个方面分为成本和效益两类，然后通过对成本和效益分别进行货币化的形式来量化评估中涉及的评估对象的各个方面性能，并使得其具有公度性，最后采用净现值或内部收益率大小的排序来对项目或方案进行评估[101]。

利用 CBA 对城市水环境系统进行评估，通常认为系统建设、运行、维护和管理所需的经济投资是采用 CBA 进行评估中的成本部分，而系统对城市水环境的改善，对城市生态完整性的保护，对资源的回收是采用 CBA 进行评估中的效益部分。Icke 等人[102]基于 CBA 这样的思想，通过定义城市水系统可持续性等级的概念，构建了城市水系统成本—可持续性等级的综合评估模型，用于在规划阶段评价不同城市水系统规划方案的可持续性，并通过案例研究表明，城市水系统的可持续性等级与成本具有一定的正相关性，规划区域合流制排水管网的普及率对系统的可持续性等级有显著的影响。Hauger 等人[103]则将 CBA 与风险分析相结合，在 CBA 的框架下增添了风险维度，利用系统的失效概率与恢复系统失效状态所需投资的乘积来货币化系统的风险，构建了"成本—效益—风险"的城市水环境系统综合评估模型，并对不同情景假设下的城市水环境系统进行了综合评估。

目前，基于 CBA 的城市水环境系统评估研究较少，主要是因为评估过程中涉及的一些城市水环境系统的成本和效益较难合理地货币化，例如，城市水环境系统的管理成本、环境效益等。这些成本或效益能否准确合理地量化将直接影响采用 CBA 对城市水环境系统进行评估的准确性和可靠性。

2.3.1.4　与本研究需求的差距

从 2.3.1.1 节到 2.3.1.3 节的综述可以看出，目前常用于城市水环境系统评估的三种方法具有各自的特点和适用性，现分述如下。

（1）基于 SIs 的系统评估

基于 SIs 的系统评估实质上是将城市水环境系统的评估转换为多属性决策（Multiple Attribute Decision Making，MADM）[①] 问题，整个评估的过程与 MADM 的框架相同。该方法既能够将表征城市水环境系统可持续性的经济性能、环境性能、资源性能、技术性能及社会性能等定量和定性的系统特征在同一评估框架下进行量化，又能够在城市水环境系统评估的过程中考虑决策者的经验和主观偏好，考察规划区域的实际情况对评估结果的影响。由此可见，基于 SIs 的系统评估是一个考虑了客观和主观双重决策信息的评估。由于它能够反映当前决策者的决策偏好对评估结果的影响，因此该方法可以用于短期的系统评估，例如用于城市水环境系统规划过程中对多个备选方案的比较和筛选。

（2）基于 LCA 的系统评估

基于 LCA 的系统评估实质上也是基于指标体系的评估，其评估过程中的指标体系是在 LCA 的分析框架下，根据系统分析和物质流分析等方法构建的。该评估方法只能对城市水环境系统的环境与资源影响进行评估[104]，对系统的可持续性描述不够完整，因此，基于 LCA 的系统评估可以用于构建和量化基于 SIs 的系统评估中表征城市水环境系统环境性能和资源性能的指标。

（3）基于 CBA 的系统评估

基于 CBA 的系统评估是将表征城市水环境系统可持续性的各项系统性能货币化，使其具有公度性和集成性，进而定量化地表征城市水环境系统的可持续性。由于 CBA 方法本身的限制，在进行评估的过程中，系统的技术、社会等方面的性能不易被货币化，因此，与基于 SIs 的系统评估相比，该方法对系统的可持续性描述不够完善。基于 CBA 的系统评估在评估的过程中不考虑决策者偏好对系统评估结果的影响，比基于 SIs 的系统评估具有更强的客观性。此外，在基于 CBA 的系统评估过程中，系统环境和资源性能的量化涉及排污收费标准和资源价格，因此，该评估方法能够反映相关环境与资源政策对城市水环境系统评估结果的影响。由此可见，基于 CBA 的系统评估方法是一种相对客观的城市水环境系统综合评估方法，它能够反映外界政策变化对系统评估结果的影响，能够用于城市水环境系统中长期的评估。

综合比较上述三种城市水环境系统评估的方法，如表 2.5 所示。可以看出，三种方法各有优势，在构建可持续性城市水环境系统规划方法时，应当根据每一规划步骤中所涉及的规划问题的本质及规划的目的来进行方法的选择，使得各项评估方法更好地服务于系统的规划。在本研究中，我们根据基于 CBA 系统评估方法的客观性和长期性构建了城市水

---

　①　MADM 是近些年来比较流行的一种基于多个属性对有限个方案进行评估和排序的管理决策方法。

环境系统潜力分析方法（详见第 3 章），根据基于 SIs 系统评估方法的主客观结合决策的性质以及短期性构建了城市水环境系统规划过程中的模式选择方法（详见第 5 章）。

城市水环境系统评估方法的比较

表 2.5

比较标准	SIs 方法	LCA 方法	CBA 方法
系统客观性能的描述水平	高	高	高
决策主观性的描述水平	高	无	低
评估流程的复杂程度	较高	高	较高
系统可持续性表征的完善程度	高	低	低
系统评估的时间尺度	短	—	中、长
对规划区域实际情况的考虑程度	高	低	低

综上可知，国内外在城市水环境系统评估方面积累了一定的研究成果，但这些成果与可持续性城市水环境系统规划方法的需求相比还存在较大的差距，主要表现在评估过程中对系统规划方案不确定性的考虑不足。城市水环境系统具有较长的寿命和较强的投资沉淀性，并且是影响城市可持续发展进程的主要基础设施之一，因此在对系统规划方案进行评估的过程中考虑规划的不确定性至关重要，只有这样，才能够使得规划方案的可持续性具有可靠性，才能保证规划方案实施后城市水环境系统具有可持续性。

因此，本研究将在现有研究成果的基础上构建能够考察规划不确定性对决策偏好和评估结果影响的，满足可持续性城市水环境系统规划方法需求的城市水环境系统综合评估方法。

2.3.2 城市水环境系统空间布局技术

城市水环境系统的空间布局是指确定系统中各个设施的空间位置以及系统服务区域内各个用户与系统中设施的连接关系。通过对城市水环境系统进行空间布局，能够确定城市水环境系统中各个设施的能力，各个处理设施的处理水平与污染物排放量，以及各个处理设施的资源回收情况，进而可以确定整个系统的经济投资、环境影响和资源效益。

根据 2.2.1 节中综述的城市水环境系统规划现状，现阶段关于城市水环境系统空间布局技术的研究大致可分为两类：一类是针对传统系统布局的城市水环境系统布局研究，另一类是针对城市污水回用的再生水系统布局研究。

2.3.2.1 城市水环境系统的布局研究

根据研究区域空间范围的不同，现有的关于城市水环境系统布局的研究可以分为区域城市水环境系统布局和城市内水环境系统布局两类；根据主要研究方法的不同，现有的关于城市水环境系统布局的研究又可以分为优化布局研究和情景布局研究两类。

早期的区域城市水环境系统均采用情景布局的方法对其进行规划，进入 20 世纪 60 年代以后，随着系统工程方法和计算机技术的发展，优化布局的研究方法已经成为现阶段区域城市水环境系统规划的主要与核心手段[105]。而对于城市内水环境系统的布局规划研究，到目前为止大多还是使用情景布局的方法，先根据规划区域的现状以情景的方式给出若干布局规划方案，然后通过综合评估检验方案的可行性，并从中选取最优方案。

（1）区域城市水环境系统布局规划研究

区域城市水环境系统布局规划是指在较大的空间范围内，如一个流域，以区域内的城镇作为最小的污水排放用户，对整个区域内的污水处理厂进行空间布局，并确定各个城镇与污水处理厂之间的连接关系。

现有区域城市水环境系统布局规划研究的本质是以规划方案选择的主要标准，例如系统的经济投资等为目标函数，以影响规划方案可行的因素为约束条件，构建相应的布局规划数学优化模型，通过对模型的求解，确定规划区域内污水处理厂的个数、位置、规模、污染物去除能力以及各个用户点与污水处理厂之间的连接关系。该类研究在布局规划模型构建的过程中，将区域内最小的污水排放用户和潜在的污水处理厂建设位置概化为空间上的点，使其只具有空间点特征，但不具有空间拓扑关系，也就是说，系统的布局是点与点之间的连接，不考虑污水排放用户所具有的空间特征，以及用户与用户之间相邻的空间关系。

关于区域城市水环境系统布局规划的研究起源于 20 世纪 60 年代区域内点源污染负荷排放分配问题的研究[106]。早期的区域城市水环境系统规划以最小化区域水环境系统建设、运行的经济投资为目标，包括系统中污水处理厂和污水管网的建设和运行成本；以系统的物理和环境特征为约束，例如系统内污水管网节点的连续性方程，系统对区域的污水处理率，区域最大的污染负荷排放量，河流断面水质要求等；对区域内污水处理厂的个数、位置及能力进行确定[107]。

根据上述对区域城市水环境系统布局规划本质的阐述可知，对所建立的布局规划数学优化模型进行求解是系统布局规划研究的重要组成之一。在早期的研究中，在模型求解方面均采用传统的优化算法，包括线性规划方法[108,109]、动态规划方法[110,111]、非线性规划方法[112]、线性混合整数规划方法[113-116]以及不同的启发式算法[117-121]，例如贪心算法等。

由于传统优化算法的局限性和计算能力的限制，这些早期的区域城市水环境系统布局规划研究大多应用于解决小规模的布局问题，对于污水排放用户较多的区域，通常难以开展规划求解。此外，为了使传统优化算法能够对系统布局规划的数学优化模型进行求解，在规划的过程中必须对模型进行简化，例如将污水处理厂的建设成本线性化等，这些简化必然导致布局规划模型与真实情况相差甚远，使得通过规划模型求解得到的布局方案在实施的过程中不一定具有最优性，使其优势的可靠度降低。随着计算机应用能力的提高以及进化优化方法的开发，区域城市水环境系统布局研究的复杂度不断增加，主要表现在规划模型能够解决问题的规模增大和规划过程中模型简化程度的降低两个方面。Wang 等人[122]、黄如国等人[123]采用遗传算法，Cunha 等人[124]、Sousa 等人[125]、申玮等人[126]采用模拟退火算法，李胜海[127]采用人工神经网络分别对以经济投资最小化为目标的区域城市水环境系统的规划进行了研究，提高了规划求解的效率，增大了规划求解的规模，并且无须在对规划布局的数学优化模型求解的过程中将模型线性化。

随着可持续发展理论的提出和兴起，区域城市水环境系统的布局规划研究不仅只以系统的经济投资作为规划目标，还开始考虑系统环境、技术、社会及文化等各方面性能对布局规划的影响。Bishop 等人[128]与 Lohani 和 Adulbhan[129]以系统经济投资最小化和规划方案实施后水环境质量与目标差距最小化为系统布局规划的目标，构建了能够确定规划区域内污水处理厂规模和污染物排放水平的多目标优化模型。Tung[130]对区域城市水环境系统的布局规划提出了四个规划目标，分别为：①最大化整个区域的污染物排放量；②最大化区域内水环境的溶解氧浓度；③最小化不同污水处理厂之间出水浓度的差异；④最小化区域内水体的污染物超标概率。这四个规划目标分别描述了系统建设的投资、系统的环境影响、系统的公平性以及系统的技术可靠性。Burn和Lence[131]与Cardwell和Ellis[132]在以最小化系统经济投资为规划目标的基础上，分别以最小化区域内水体溶解氧与目标值之间的差距，以及区域内水体溶解氧超标的次数为目标，建立了区域城市水环境系统布局规划的模型，能够对规划区域内污水处理厂的规模和处理能力进行确定。Lee和Wen[133]选取五日生物耗氧量BOD₅为特征污染物，以最小化污水处理厂出水BOD₅浓度，最小化系统的经济投资，最大化规划区域能够接受的BOD₅负荷排放量（根据规划区域的水环境容量进行计算）为目标，对我国台湾地区Tzeng-Wen河流域内各个城市污水处理厂的处理规模和BOD₅去除能力进行了优化。于思扬[134]在对区域内城市水环境系统建设进行费用和效益分析的基础上，综合考虑系统的经济、环境和资源性能，对第二松花江流域的污水处理厂的规模与排污量进行了优化。Zeferino等人[106]以系统的建设和运行成本最小化，区域水体的溶解氧浓度最大化为目标，构建了能够确定区域内污水处理厂位置、个数和规模的多目标区域城市水环境系统布局规划模型。事实上，在对区域城市水环境系统进行多目标布局规划时，表2.3中所汇总的各项城市水环境系统可持续性评估指标均可以作为规划目标，例如系统能源的消耗量、土地的使用量、营养物质的流失量等。

多目标的布局规划研究所构建的优化数学模型具有多个目标函数，通过对规划模型的求解，可以得到满足系统布局规划约束要求的Pareto最优规划方案，也就是说得到的规划方案无法在不损失其他规划目标优势的前提下去改进其中一个规划目标。这种区域城市水环境系统多目标布局规划问题的本质决定了满足要求的规划方案不止一个，通过布局规划模型获得的将是一个规划方案集而不是一个确定的方案，这将使得区域城市水环境系统布局规划的复杂性大幅度提高。近些年来，多目标进化算法的开发和使用大大提高了这类规划问题求解的效率和求解的规模，Burn[135]和Yulianti与Yandamrui等人[136]采用遗传算法对区域城市水环境系统规划中污水处理厂的规模和负荷量进行了优化，Zeferino等人[137]则采用模拟退火算法构建了多目标区域城市水环境系统布局规划模型的求解算法。

（2）城市内水环境系统的布局规划研究

城市内水环境系统的布局规划（以下称"城市水环境系统的布局规划"）是指在一个城市内或者一个城市中的某些区域内进行的水环境系统空间布局，包括确定污水处理厂的个数、位置、规模、污染物去除能力以及各个污水排放用户与污水处理厂之间的连接关系。在该规划中，最小的污水排放用户可以是城市区域内的地块、街区也可以是具体的污水排放对象。

目前城市水环境系统的布局规划主要是采用情景规划的方法进行。对于一定的规划区域，根据规划者的规划经验和城市水环境系统规划的相关规范，由规划者给出若干规划方案，然后通过方案评估从中选出最优方案实施。Abu-Taleb[138]通过建立包含环境、文化和技术因素在内的多准则决策分析框架，利用多准则决策（Multicriteria Decision

Making，MCDM）方法，从两种污水收集系统、九个潜在污水处理厂位置和三套污水处理流程中为约旦的世界遗产地（World Heritage Site）布局了城市水环境系统。由此可见，城市内水环境系统布局规划研究的核心是城市水环境系统的评估，其现有的研究方法可详见 2.3.1 节。在城市水环境系统评估技术发展的同时，近年来，地理信息系统（Geographic Information System，GIS）的发展大幅度提高了以情景规划为主要方法的城市水环境系统布局规划的效率，龙瀛[139]与 Guo 等人[140]分别采用 Geodatabase 和 GIS 技术对北京市污水处理厂的布局规划提供了辅助支持，提高了规划方案生成的效率，加强了规划数据管理。

除了情景规划外，关于城市水环境系统布局规划的研究则较少。龙腾锐等人[141]从费用函数分析出发提出了临近距离的概念，定义在污水处理总量、水质、处理程度、环境条件都相同的情况下，对于某一确定的治理区域，污水输送费用与区域最大综合费用效益相等时的输送距离为临界距离。临界距离可以作为城市污水厂优化布局的一个经济性判据，如果两座污水处理厂的距离在临界距离之内，则应当考虑合并集中处理，否则宜分散处理。该方法可以简便地从费用角度估计出一个城市所需建污水处理厂的座数，但无法确定污水处理厂的具体空间位置。曹永强[142]则仿照区域城市水环境系统规划的方法，以水环境系统建设和运行费用最小化为规划目标，应用线性规划、动态规划以及图论构建了城市污水处理厂厂址选择的优化模型，但这一方法只能确定系统中污水处理厂的位置和规模，无法确定用户与污水处理厂连接关系等其他系统布局规划中需要确定的变量。

2.3.2.2　再生水系统的布局研究

再生水系统的布局研究通常是指在一个城市或者一个区域内，通过构建再生水系统的规划模型，对规划区域内再生水的使用潜力进行评估，识别区域内再生水的用户，确定各再生水用户与再生水处理设施之间的连接关系。由于大多数再生水处理设施建设在污水处理厂，因此，在目前的再生水系统布局过程中，再生水处理设施的空间位置是确定的，但是处理规模是未知的，需要通过规划模型求解得到的再生水用户与再生水处理设施的连接关系。与水环境系统的布局研究类似，在进行再生水系统的布局研究时，再生水处理设施和再生水用户也通常被概化为空间上的点，因而不具有空间拓扑信息。本节将对现有的用于再生水系统布局的规划模型进行综述，为进一步分析现有研究与本书研究需求间的差异提供基础。

再生水系统的规划模型起源于 20 世纪 70 年代，Bishop 和 Hendrisks[143]是最早构建这类模型的研究者之一。Bishop 和 Hendrisks 将再生水系统的布局规划概化为无容量限制的运输问题，在再生水处理设施和再生水用户空间位置已知的情况下，确定再生水处理设施与再生水用户之间的连接关系以及再生水的供给量，优化不同再生水处理设施与再生水用户之间的水量分配。模型以采用线性函数形式表示的再生水系统的处理和输送成本为目标函数，以各个再生水用户的水量和水质（选取生物耗氧量（Biological Oxygen Demand，BOD）和总溶解固体（Total Dissolved Solids，TDS）两项水质指标作为水质约束）需求为模型约束，属于典型的线性规划模型。Mulvihill 和 Dracup[144]则在考虑再生水和净水同时作为水源的前提下，以最小化规划区域内供水系统的成本为目标函数，构建了能够确定再生水分配的线性规划模型。模型中认为规划区域中所有再生水用户对水质的要求相同，这一假设与实际相差较大，使得模型的可用性降低。在 Bishop 和 Hendrisks 模型的基础上，Pingry 等人[145]使用非线性的费用函数对再生水系统的处理和输送成本进行表征，构建了非线性的再生水系统规划模型，对规划区域内再生水处理设施与再生水用户之间的连接关系进行确定。该模型中认为所有再生水处理设施的处理水平相同，不同再生水处理设施之间不存在出水水质的差异。综上可知，早期关于城市再生水系统的规划研究是在再生水处理设施和再生水用户确定的情况下，以系统的经济性为目标，优化不同再生水水源与再生水用户之间的匹配。这些研究对再生水系统的描述都不够完善，例如，将系统的非线性线性化，简化用户水质要求，简化再生水处理的复杂性等，使得模型的可用性不高。

20 世纪 80 年代以来，更为复杂的再生水系统规划模型开始出现，其中最为有影响力的是 Ocanas 和 Mays 开发的能够用于区域和城市内再生水系统规划的非线性优化模型[146]。该模型以非线性的目标函数来表征再生水系统的成本，包括系统管网、泵站和处理设施的建设及运行费用，以线性和非线性的约束来表征再生水系统规划过程中相关的水量水质约束，对给定的规划区域内再生水处理设施与再生水用户之间的连接关系进行优化。模型中考虑了由于用户使用和再生水处理而引起的水质变化，并且考虑了再生水处理设施不同的处理水平对规划的影响，这使得模型对系统的描述程度更加完善，但是同时也增加了模型的复杂性，给模型的求解带来了难度。Schwartz 和 Mays[147]则使用动态规划的方法建立了最小化再生水系统处理和输送成本的规划模型。该模型不仅能够将再生水进行不同用户间的分配，还可以对再生水处理设施的规模、位置进行优化。由此可见，该阶段的再生水系统规划模型仍是在再生水处理设施和再生水用户确定的情况下，以确定经济最优的再生水水源与再生水用户之间的匹配关系为主要任务，但是模型对系统描述的完善程度得到了提高，直接采用非线性规划对系统的规划过程进行表征。

近十余年来，城市的可持续发展，人们对环境问题以及健康风险问题的关注使得再生水系统规划的复杂度和综合度大幅度提高。Oron[148]较早地提出了城市再生水系统的规划与管理应具有综合性，应当在规划中考虑影响再生水系统的各项因素。基于这样的想法，Oron 构建了一个考虑了再生水处理技术选择、再生水处理成本、再生水水质、再生水输送成本、再生水储存成本、再生水系统运行维护成本、再生水系统的环境成本或收益、再生水使用健康风险控制成本等多项因素在内的城市再生水系统综合规划管理模型，并利用该模型，以系统经济成本最小化为目标，对一个给定了再生水系统空间布局和再生水水质的案例地区进行了再生水处理设施规模、再生水管网管径和再生水季节调节设施位置的优化。Aramaki 等人[149]基于 GIS 和水量平衡模型，通过再生水系统成本最小化为目标，对东京的再生水系统进行了规划，确定了四种再生水系统，即雨水再生利用系统、污水就地再生利用系统、污水集中再生利用系统和污水中途再生利用系统的使用率及空间分布。Zhang[150]基于 GIS 构建了一个综合的城市再生水系统规划和管理模型，该模型使用网络流优化模型，以系统处理和输送设施的成本最小化为目标，以系统内水量水质需求平衡为约束，对再生水处理设施与再生水用户之间的连接关系进行了确定。模型中对多级的污水及再生水处理过程进行了简单的模拟，使得模型可以根据不同再生水用户的水质需求选取不同处理程度的再生水进行供给。此外模型还采用随机优化的方法对城市再生水系统规划和管理过程中的不确定性进行了量化。Joksimovic 等人[151]构建了城市再生水规划工具 WTRNet（Water Treatment for Reuse and Network Distribution），该工具在再生水处理设施和再生水用户位置给定的情况下，综合考虑再生水用户水量和水质的需求，再生水处理过程对系统成本和出水水质的影响以及再生水输送等因素，为规划区域提供投资成本最低的布局规划方案。在 WTRNet 的基础上，Joksimovic[152]进一步构建了城市再生水系统规划的决策支持系统，将系统以经济为唯一目标的规划拓展为同时以再生水需求的满足程度、系统成本、土地需求、能源消耗、劳动力需求为目标的多目标规划，并且在系统规划的过程中，对再生水处理设施所采用的技术流程和再生水季节调节设施的容量进行了优化。综上可知，近些年来，关于再生水系统布局规划的研究开始从以系统经济投资为唯一规划目标的单目标规划模型向多目标规划模型转变；GIS 技术的发展和应用使得系统规划过程中空间数据的管理效率提高，规划方案的空间表征性增强；研究中开始考虑再生水处理设施采用不同的处理技术对规划中再生水用户选择和系统建设运行成本等因素的影响，使得规划研究对再生水系统的描述更加完善。

国内关于再生水系统规划的研究开展较晚，目前仍处于初级起步阶段，研究的主要目的仍是优化再生水水源与再生水用户之间的水量水质匹配关系，规划模型的构建不涉及再生水处理技术和再生水用户的选择，认为两者是确定已知的，与上述国外 20 世纪 80 年代的相关方法相似。对于规划的空间特性，与以上综述的研究相同，只考虑再生水用户和再生水处理设施的空间点特征，除了考虑再生水水源与再生水用户之间，再生水用户之间的直线距离关系外，其他均不考虑。徐志嫱、黄廷林等人[153,154]将临界距离的概念引入了再生水系统规划，将其作为研究区域进行污水集中处理回用或分散处理回用的判断依据，在此基础上，以系统的经济性为目标，以水量平衡为约束，建立了非线性规划模型对规划区域内再生水处理设施的位置、个数以及与再生水用户间的水量分配关系进行了优化。赵玲萍[155]将再生水系统纳入城市给排水系统进行综合规划，以整个系统的经济成本为目标函数，系统的水量平衡和水质需求为约束，构建了城市给排水系统的非线性规划模型，用以优化已知空间布局的系统内各项水量的分配。与赵玲萍类似，张丽丽等人[156]将给水、污水处理及再生水系统作为统一整体进行规划，建立以区域经济效益、社会效益及环境效益最大化为目标，以各子系统供需水量及水质要求为约束条件的多目标非线性优化模型对系统进行规划。

2.3.2.3　与本研究需求的差距

从 2.3.2.1 节与 2.3.2.2 节的综述可知，国内外在城市水环境系统空间布局方面积累了大量的研究成果，但这些成果与本研究的需求相比还存在显著的差距。

首先，现有的城市水环境系统空间布局研究将污水处理和再生水使用分离规划，破坏了城市水环境系统的完整性。再生水的使用将影响污水处理的空间规模和处理技术，这使得污水处理与再生水使用之间不仅仅只具有简单的水量关联关系，还具有复杂的、非线性的空间布局与技术选择的关联关系。然而，上述现有的、先对污水处理进行空间布局规划，再以此为基础对再生水系统进行布局规划的研究并不能完全刻画再生水使用对污水处理的影响，无法在城市水环境系统规划的过程中考虑污水处理与再生水使用之间复杂的关系对规划的影响，这些问题将导致研究得到的系统规划方案可能并不是系统规划目标下的最优或较优的方案。

其次，现有的城市水环境系统的空间布局研究多采用情景规划的方法，这在 2.3.2.1 节中所综述的城市内水环境系统的空间布局研究中表现得尤为突出。区域城市水环境系统的空间布局已经从情景规划阶段发展到优化规划阶段，科学性和可靠性均有了大幅度的提高，而对于城市水环境系统来说，目前还处于情景规划的阶段。基于规划准则和规划者经验的情景布局规划方法对于传统系统的规划具有一定的合理性和科学性，但是对于新型系统来说，系统自身结构组成的复杂性和外界功能定位需求的综合性使得规划准则在情景规划过程中的量化程度降低，指导作用弱化，规划存在一定的局限性，例如，回用系统的规划准则要求系统采用集中分散相结合的空间布局方式，但在具体规划的过程中，系统分散和集中的程度并不能根据规划准则进行确定，只能根据规划者的主观经验给出，这就使得采用情景布局方法得到的系统规划方案的主观性过强。此外，基于人力和物力的考虑，情景规划方法给出的、用于评估的备选系统规划方案往往是众多可行方案中的少数几个，这又使得采用情景布局方法得到的系统规划方案不一定是规划目标下的最优或较优的方案。

最后，在现有的城市水环境系统空间布局研究中，污水排放用户、再生水需求用户以及系统内的处理设施均被概化为一个空间点，不具有其他的空间拓扑信息，使得规划的空间性被削弱。对于一个合理的、具有可实施性的城市水环境系统空间布局规划来说，应至少具有以下两个特征，首先，系统内处理设施的处理能力和处理技术的选择必然与处理设施所在空间位置的地块面积紧密相关；其次，系统内任意一个污水处理设施的服务区域在满足当地实际空间地理条件下必须具有空间完整性，即在当地实际的空间地理条件下，被同一个污水处理设施服务的各个污水排放用户之间能够相互连通。由于污水排放用户、再生水需求用户以及系统内处理设施不具有空间拓扑信息的概化假设，现有研究均未对城市水环境系统所具有的上述两个基本空间特征进行考虑，使得规划方案的空间性不强。

因此，本书将在现有研究成果的基础上，将污水处理、再生水利用、污水源分离等要素统一综合考虑，在保证城市水环境系统完整性的基础上，构建能够降低系统规划过程中主观性和经验型，提高科学性和定量化水平的、能够反映系统空间特征，加强规划方案空间性的、满足可持续性城市水环境系统规划方法需求的城市水环境系统空间布局技术。

2.4　本章小结

本章在对传统系统以及新型城市水环境系统的典型代表回用系统与源分离系统进行介绍和特征归纳的基础上，系统地总结了城市水环境系统规划的现状及存在的不足；综述了城市水环境系统规划的核心技术——城市水环境系统评估技术与空间布局技术的研究进展，分析了现有研究成果与本研究需求之间的差距，并提出了本研究的主要目标。本章的主要结论如下：

（1）目前城市水环境系统以经济性为唯一规划目标，基于经验的情景布局规划方法无法实现新型城市水环境系统所需的规划内容和规划深度上的拓展，无法在方案规划中满足城市可持续发展对城市水环境系统可持续性的要求，无法解决系统结构复杂与功能多样而带来的系统规划复杂性问题。鉴于这种状况，现阶段非常有必要也非常亟须建立可持续性城市水环境系统的规划方法。

（2）城市的可持续发展促使城市水环境系统的评估从过去的单维度向现在的多维度综

合评估转变。根据评估采用的核心方法不同，目前关于城市水环境系统评估的研究可以分为基于 SIs 的评估，基于 LCA 的评估以及基于 CBA 的评估三类。以上三种评估方法具有各自的特点和适用性，在建立可持续性城市水环境系统规划方法时，应当根据规划步骤中涉及的规划问题本质及规划目的，进行方法的选择。此外，现有的城市水环境系统评估的研究对不确定性的影响考察不足，而对于系统的规划方案来说，在评估过程中考察规划的不确定性至关重要，因为其直接关系方案实施后所具有可持续性的可靠程度。由此可见，现有的城市水环境系统评估方法不能直接应用于本研究中对城市水环境系统潜力分析方法以及城市水环境系统规划过程中模式选择方法的构建。

（3）根据城市水环境系统规划的现状，现阶段城市水环境系统空间布局的研究分为污水处理空间布局研究和再生水利用空间布局研究两类。污水处理的空间布局又可根据规划区域的大小分为区域污水处理空间布局和城市内污水处理空间布局，区域污水处理的空间布局主要是采用数学规划的方法，优化各个污水处理设施与污水排放用户之间的水量分配关系；城市内污水处理的空间布局则是采用情景规划的方法提出布局方案，然后对备选方案进行评估筛选。再生水利用的空间布局与区域污水处理空间布局类似，其在污水处理空间布局已知的基础上，利用数学规划优化各个再生水处理设施与再生水用户之间的水量分配关系。上述现有的关于城市水环境系统布局规划的研究将污水处理和再生水使用分离规划，破坏了城市水环境系统的完整性；研究采用的情景规划方法使得系统规划方案具有较明显的主观性和局限性；规划过程中不考虑系统内污水排放用户、再生水需求用户以及处理设施等各要素的空间拓扑信息，削弱了规划方案的空间性。由此可见，现有研究的成果不能够解决可持续性城市水环境系统规划的空间复杂性问题，因此必须要在现有研究成果的基础上构建新的、能够满足可持续性城市水环境系统规划方法需求的城市水环境系统空间布局技术。

第 3 章 城市水环境系统潜力的判断分析

本章在成本效益分析（Cost-Benefit Analysis，CBA）的框架下，利用物质流分析、工程经济学相关知识以及不确定性分析等方法，建立了能够对系统的长远潜力进行判断分析的城市水环境系统潜力判断分析方法，并且在该方法中考虑了参数的不确定性对城市水环境系统潜力判断分析结果的影响。基于对城市水环境系统潜力判断分析方法的构建，本章对传统模式系统、回用模式系统和源分离模式系统在我国全国层面和 31 个省市地区的潜力分别进行了估算，并且利用概率分析、灵敏性分析等方法初步分析了在我国建设回用模式及源分离模式两种新型城市水环境系统的时空条件。

3.1 城市水环境系统潜力判断分析的方法

3.1.1 基本概念

考虑到研究内容的限制，同时也为了能够对研究构建的城市水环境系统潜力判断分析方法以及后续方法的应用进行清晰地阐述，本节将对一些基本概念进行解释。

（1）城市水环境系统的模式（Urban Wastewater Treatment System Mode）

城市水环境系统的模式主要是指城市水环境系统的组成与结构。本章中涉及的不同城市水环境系统模式包括：传统模式（T）、回用模式（TR）以及源分离模式（SR），这三种系统模式的组成与结构见 2.1 节中的详细阐述。

（2）城市水环境系统的性能（Urban Wastewater System Performance）

城市水环境系统的性能是指系统寿命期内的效用或影响，包括经济、环境、资源、技术、社会等多个方面。根据城市可持续发展理论的框架以及可持续城市水环境系统的要求，同时考虑到数据的可获得性，本章选取城市水环境系统的经济性能、环境性能和资源性能作为城市水环境系统性能的代表，对系统的效用和影响进行表征。

（3）城市水环境系统的潜力（Urban Wastewater Treatment System Potential）

本研究使用在考虑城市水环境系统经济、环境和资源影响下核算得到的系统全成本（Life Cost，LC）来表征城市水环境系统的潜力，成本越高，系统的潜力越小，反之亦然。

3.1.2 方法框架概述

考虑到 CBA 方法的相对客观性以及系统潜力的定义，本研究构建的城市水环境系统潜力判断分析方法框架如图 3.1 所示。该方法是一个典型的考虑了参数不确定性影响的基于 CBA 的系统评估方法，通过该方法的判断分析，可以得到任意一种模式城市水环境系统的潜力以及潜力的概率分布。

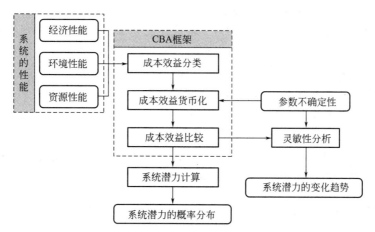

图 3.1　城市水环境系统潜力判断分析的方法框架

城市水环境系统潜力的判断分析大致可以分为四步。首先，根据城市水环境系统性能的定义，将组成性能的三类系统效用或影响，即经济性能、环境性能和资源性能进行成本和效益的分类；其次，根据系统三类性能的各自定义，建立考虑参数不确定性影响的各类性能货币化的方法，使用同样的测量单位——货币单位来对系统的经济、环境和资源性能进行描述；再次，利用 CBA 中综合比较成本和效益的方法对城市水环境系统性能所带来的系统成本和效益进行综合比较，并根据系统潜力的定义计算系统的潜力及其概率分布；最后，对影响系统潜力大小的关键因素进行灵敏性分析，分析这些关键因素对系统潜力的影响。

根据上述城市水环境系统潜力判断分析的步骤可知，城市水环境系统的 CBA 分析是整个潜力判断分析的关键和核心，它对城市水环境系统的经济、环境和资源性能在平等的条件下进行了表征和集成，使得系统的各项效用或影响之间具有了公度性[157]。

本章建立的城市水环境系统潜力判断分析方法既可以用于各种模式城市水环境系统的长远潜力分析，也可以用于不同模式城市水环境系统之间的比较。此外，该方法在系统潜力判断分析的过程中考虑了参数的不确定性，反映了系统规划和运行过程中的不确定性对系统潜力的影响，使得城市水环境系统潜力判断分析的可靠性和科学性增强，同时也为城市水环境系统的规划、评估等决策事件提供了更多的决策信息。

3.2　城市水环境系统的成本效益分析（CBA）

3.2.1　系统性能的成本效益分类

城市水环境系统的经济性能是指系统在整个寿命期内所需要的经济投资费用，包括系统建设成本和系统运行维护成本两部分；城市水环境系统的环境性能是指系统在整个寿命期内向城市水体中排放的目标污染物负荷量，在本章中选取化学耗氧量（Chemical Oxygen Demand，COD）、总氮（Total Nitrogen，TN）和总磷作为目标污染物（Total Phosphorus，TP）；城市水环境系统的资源性能是指系统在整个寿命期内回收水和营养物质氮、磷的量。

显而易见，经济性能是城市水环境系统的成本，它反映了城市水环境系统的投资需求，是传统意义上的系统经济成本。而对于环境性能和资源性能来说，则需要通过环境经济学的理论对其进行成本和效益的区分。环境性能反映了城市水环境系统对城市水体的影响，等价于城市水体为城市水环境系统的建设所付出的环境成本，因此应当算为系统的成本。资源性能反映了城市水环境系统回收资源的能力，回收的物质被赋予了新的价值，作为资源再次供给人类社会使用，相当于城市水环境系统所创造的价值，因此应当算作系统的效益。

综上所述，在对城市水环境系统进行 CBA 分析时，系统的经济性能和环境性能是系统的成本，而系统的资源性能是系统的效益。

3.2.2 系统性能的货币化

3.2.2.1 经济性能的货币化

由定义可知，城市水环境系统的经济性能是系统在寿命期内的经济成本，其单位本身就是货币单位，因此，系统经济性能的货币化最为简单和直观，只需对系统的经济成本进行计算即可。

城市水环境系统的经济成本包括系统的建设费用和运行维护费用两部分，但是由于两部分费用发生的投资时期不同，建设费用只发生在系统的建设期，而运行维护费用则发生在系统的整个寿命期，因此，系统的经济成本并不等于两部分费用的简单加和，而是要考虑固定资产的折旧[158]。本研究根据工程经济学的相关知识，将城市水环境系统寿命期内的运行维护费用折算到系统的建设期，定义城市水环境系统的经济成本等于系统寿命期内经济投资在建设期的净现值，如式（3-1）所示，

$$EcC = CC + \frac{(1+i)^L - 1}{i(1+i)^L} \cdot OMC \tag{3-1}$$

其中，EcC 为城市水环境系统的经济成本（Economic Cost）；CC 为城市水环境系统的建设成本（Captial Cost）；OMC 为城市水环境系统的年运行维护成本（Operation and Maintenance Cost）；L 为城市水环境系统的寿命（Life）；i 为贴现率。

由于不同模式的城市水环境系统组成和结果不同，其对应的建设成本与年运行维护成本的计算方法也不相同，本节以传统模式系统、回用模式系统和源分离模式系统为例，给出建设成本与年运行维护成本的计算方法。

（1）传统模式系统

根据系统的组成，传统模式系统的建设成本 TCC 与年运行维护成本 TOMC 分别是污水处理厂和污水管网建设成本与年运行维护成本的加和，如式（3-2）、式（3-3）所示，

$$TCC = WtCC + WnCC \tag{3-2}$$

$$TOMC = WtOMC + WnOMC \tag{3-3}$$

其中 WtCC 和 WnCC 分别为污水处理厂和污水管网的建设成本；WtOMC 和 WnOMC 分别为污水处理厂和污水管网的年运行维护成本。

城市水环境系统的潜力判断分析属于对系统进行的宏观层次的评估，因此，在对城市水环境系统的经济成本进行计算的过程中，不可能也没有必要对系统进行工程层次的经济概算，例如，在计算中考虑污水处理厂的规模效应、通过计算管径和管长来计算管网成本

等，只需要对系统进行宏观层次的、合理的粗略概算即可，如利用经验系数法对成本进行计算等。

污水处理厂的建设成本 WtCC 与污水处理的规模及处理水平相关，本节在对 WtCC 进行计算时认为，当污水处理厂的处理水平一定时，处理单位污水量需要的建设成本 perWtCC$_j$（$j=1$、2、3，分别表示污水的一级处理、二级处理和三级处理）为常数，WtCC 只与该处理水平下的污水处理量 Q$_{wj}$ 成正比。因此，WtCC 的计算方法如式（3-4）所示。对于污水处理厂的年运行维护成本 WtOMC 来说，相关研究的结果表明，其与 WtCC 具有一定的相关性[159]，根据这一经验规律，本研究采用式（3-5）对 WtOMC 进行计算，

$$WtCC = \sum_j Q_{wj} \cdot perWtCC_j \tag{3-4}$$

$$WtOMC = WtCC \cdot \alpha_{Wt} \tag{3-5}$$

其中，α_{Wt} 为经验系数。

通常对于传统系统来说，污水管网的建设成本 WnCC 为 WtCC 的 1.5～2.5 倍，污水管网的年运行维护成本 WnOMC 为 WnCC 的 1‰左右[66,160,161]，因此，本节采用式（3-6）与式（3-7）对 WnCC 和 WnOMC 进行计算，

$$WnCC = WtCC \cdot \beta_{Wn} \tag{3-6}$$

$$WnOMC = WnCC \cdot \gamma_{Wn} \tag{3-7}$$

其中，β_{Wn} 和 γ_{Wn} 均为经验系数，分别为 WnCC 与 WtCC 的比值以及 WnOMC 与 WnCC 的比值。

将式（3-2）～式（3-7）代入式（3-1），可以得到传统模式系统的经济成本 TEcC 如式（3-8）所示。

$$TEcC = \sum_j Q_{wj} \cdot perWtCC_j \cdot \left[1 + \beta_{Wn} + \frac{(1+i)^L - 1}{i(1+i)^L}(\alpha_{Wt} + \beta_{Wn} \cdot \gamma_{Wn}) \right] \tag{3-8}$$

（2）回用模式系统

回用模式的系统中除了污水处理厂和污水管网外，还包括再生水处理设施和再生水管网。因此，回用模式系统的建设成本 TRCC 与年运行维护成本 TROMC 分别如式（3-9）与式（3-10）所示。

$$TRCC = WtCC + WnCC + RtCC + RnCC \tag{3-9}$$

$$TROMC = WtOMC + WnOMC + RtOMC + RnOMC \tag{3-10}$$

其中 RtCC 和 RnCC 分别为再生水处理设施和再生水管网的建设成本；RtOMC 和 RnOMC 分别为再生水处理设施和再生水管网的年运行维护成本。

在回用模式系统的经济成本计算中，WtCC、WnCC、WtOMC 与 WnOMC 的计算方法与传统模式系统的相同，因此这里只对 RtCC、RtOMC、RnCC 和 RnOMC 的计算方法进行定义。

再生水处理设施的建设成本 RtCC 与处理设施的进水水质、处理水量及出水水质相关。在本研究的计算中假设城市再生水的需求水质相同，即所有再生水处理设施的出水浓度相同，因此 RtCC 只与设施的进水水质和处理水量相关。与 WtCC 的计算类似，认为当再生水处理设施的进水水质一定时，处理单位再生水的建设成本 perRtCC$_k$（$k=1$、2，分别表示再生水处理设施的进水为二级处理出水和三级处理出水）为常数，RtCC 只与该进水水质下的再生水处理量 Q_{Rwk} 成正比（见（3-11））。此外，再生水处理设施年运行维护

成本 RtOMC 的计算与 WtOMC 的计算类似，如下式（3-12）所示。

$$RtCC = \sum_k Q_{Rwk} \cdot perRtCC_k \tag{3-11}$$

$$RtOMC = RtCC \cdot \alpha_{Rt} \tag{3-12}$$

其中 α_{Rt} 与 α_{Wt} 类似，均为经验系数。

再生水管网属于有压系统，其建设费用 RnCC 的计算可以参考供水管网。据统计，供水管网的建设费用一般占整个供水系统总建设费用的 $50\% \sim 80\%$，因此，在本研究中取 RnCC 为 RtCC 的 $2 \sim 4$ 倍[66,162,163]，如式（3-13）所示，其中 β_{Rn} 为经验系数，取值为 $2 \sim 4$。式（3-14）给出了再生水管网的年运行维护成本 RnOMC 的计算方法，其中 γ_{Rn} 为 RnOMC 与 RnCC 的比值经验系数，取 $1‰$ 左右。

$$RnCC = RtCC \cdot \beta_{Rn} \tag{3-13}$$

$$RnOMC = RnCC \cdot \gamma_{Rn} \tag{3-14}$$

同样将上述各式代入式（3-1），可以得到回用模式系统的经济成本 TREcC 如式（3-15）所示。

$$TREcC = \sum_j Q_{wj} \cdot perWtCC_j \cdot \left[1 + \beta_{Wn} + \frac{(1+i)^L - 1}{i(1+i)^L}(\alpha_{Wt} + \beta_{Wn} \cdot \gamma_{Wn}) \right]$$
$$+ \sum_k Q_{Rwk} \cdot perRtCC_k \cdot \left[1 + \beta_{Rn} + \frac{(1+i)^L - 1}{i(1+i)^L}(\alpha_{Rt} + \beta_{Rn} \cdot \gamma_{Rn}) \right] \tag{3-15}$$

（3）源分离模式系统

源分离模式系统是一种新兴的城市水环境系统，关于其经济成本的研究较少，甚至无法采用上述传统模式系统和回用模式系统的经验系数法进行建设成本和运行维护成本的计算。在本研究中，根据已有的少量源分离模式系统的工程实践和研究，利用类比法，粗略地对该模式系统的建设成本 SRCC 与年运行维护成本 SROMC 进行估算。

在欧盟 LIFE 项目框架的支持下，德国针对源分离模式的城市污水系统开展了示范工程研究。结果表明，对于同一区域，采用源分离模式系统的建设成本，包括灰水、黄水和褐水处理及输送的建设成本，将是采用回用模式系统建设成本的 $1.5 \sim 1.8$ 倍；年运行维护成本，包括灰水、黄水和褐水处理及输送的年运行维护成本，将是回用模式系统的 $85\% \sim 90\%$[164]。按照此结论，SRCC 与 SROMC 的计算方法如式（3-16）和式（3-17）所示，其中，$CC\varphi_{SR/TR}$ 为系统建设成本类比系数，取 $1.5 \sim 1.8$；$OMC\varphi_{SR/TR}$ 为系统年运行维护成本类比系数，取 $0.85 \sim 0.90$。

$$SRCC = CC\varphi_{SR/TR} \cdot TRCC \tag{3-16}$$

$$SROMC = OMC\varphi_{SR/TR} \cdot TROMC \tag{3-17}$$

根据式（3-1）以及式（3-15）～式（3-17），源分离模式系统的经济成本 SREcC 如式（3-18）所示。

$$SREcC = \sum_j Q_{wj} \cdot perWtCC_j \cdot$$
$$\left[(1+\beta_{Wn}) \cdot CC\varphi_{SR/TR} + \frac{(1+i)^L - 1}{i(1+i)^L} \cdot OMC\varphi_{SR/TR} \cdot (\alpha_{Wt} + \beta_{Wn} \cdot \gamma_{Wn}) \right]$$
$$+ \sum_k Q_{Rwk} \cdot perRtCC_k \cdot \tag{3-18}$$
$$\left[(1+\beta_{Rn}) \cdot CC\varphi_{SR/TR} + \frac{(1+i)^L - 1}{i(1+i)^L} \cdot OMC\varphi_{SR/TR} \cdot (\alpha_{Rt} + \beta_{Rn} \cdot \gamma_{Rn}) \right]$$

3.2.2.2　环境性能的货币化

城市水环境系统的环境性能是采用系统污染物负荷的排放量进行表征的，因此，本节根据环境经济学的相关知识，采用排污收费的方法对城市水环境系统的环境性能进行货币化，计算系统的环境成本 EnC（Environmental Cost）。

城市水环境系统的污染物排放是连续的，因此，系统的环境成本发生在系统的整个寿命期内。为了能与 3.2.2.1 节中的系统经济成本进行平等的比较和集成，本研究将折算到系统建设期的环境成本净现值作为系统的环境成本，如式（3-19）所示。其中，L_{COD}、L_{TN} 和 L_{TP} 分别是系统 COD、TN 和 TP 的年排放量；fee_{COD}、fee_{TN} 和 fee_{TP} 分别是单位 COD、TN 和 TP 排放的收费标准。

$$\text{EnC} = \frac{(1+i)^{L}-1}{i\,(1+i)^{L}} \cdot (L_{TC} \cdot \text{fee}_{COD} + L_{TN} \cdot \text{fee}_{TN} + L_{TP} \cdot \text{fee}_{TP}) \tag{3-19}$$

从式（3-19）中可以看出，L_{COD}、L_{TN} 和 L_{TP} 的计算是确定系统环境成本 EnC 的关键。不同模式的城市水环境系统，污染物在其中迁移转换的途径和强度也不尽相同。本节仍以传统模式系统、回用模式系统和源分离模式系统为例，在对三类模式系统进行系统分析和物质流分析的基础上，通过确定系统内污染物输送、处理过程中的迁移转化系数，利用简化的系统线性输入输出关系，对系统污染负荷的排放量 L_{COD}、L_{TN} 和 L_{TP} 进行计算。计算假设污染物只在城市水环境系统的处理设施，例如污水处理厂、再生水处理设施等中进行迁移转化，在迁移转化的过程中，大部分污染物进入了大气和污泥当中，其迁移转化系数为处理设施的污染物去除率 η；少部分仍保留在污水中从处理设施中排出，该部分的转化迁移系数则为 $1-\eta$。这种污染负荷估算的方法大大简化了城市水环境系统中污染物去除的机理，使得计算简易可行，并且对于系统潜力判断分析这类宏观层次的系统评估具有一定的可靠性。

基于上述对城市水环境系统中污染物迁移转化过程的假设和描述，根据传统模式、回用模式和源分离模式三种系统的结构特征，式（3-20）～式（3-22）分别给出了三种模式城市污水系统模式的污染物年负荷排放量的计算表达式，其中，m 表示污染物的种类，为 COD、TN 或 TP；Pop 为系统所服务区域的人口数；r_s 为系统的普及率；r_{Rw} 为系统的再生水利用率；l_m 和 Gl_m 分别为城市污水和城市灰水中人均污染物 m 的年排放量；η_{Tm}、η_{TRm} 和 η_{SRm} 分别为传统模式系统、回用模式系统和源分离模式系统对污染物 m 的去除率。

$$\text{TL}_m = \text{Pop} \cdot l_m \cdot [(1-r_S) + r_S \cdot (1-\eta_{Tm})] \tag{3-20}$$

$$\text{TRL}_m = \text{Pop} \cdot l_m \cdot [(1-r_s) + r_s \cdot (1-\eta_{TRm}) \cdot (1-r_{Rw})] \tag{3-21}$$

$$\text{SRL}_m = \text{Pop} \cdot l_m \cdot (1-r_s) + \text{Pop} \cdot Gl_m \cdot r_s \cdot (1-\eta_{SRm}) \cdot (1-r_{Rw}) \tag{3-22}$$

由式（3-20）～式（3-22）可知，城市水环境系统的污染负荷排放量取决于系统服务区域的属性，例如区域人口、区域系统的普及率、区域的再生水利用率等；污染物的产生特征，例如城市污水中污染物的人均排放量等；以及污水处理技术的污染物去除能力，例如污水处理厂污染物的去除率等。

将上述结果代入式（3-19），可以分别得到传统模式系统的环境成本 TEnC、回用模式系统的环境成本 TREnC 和源分离模式系统的环境成本 SREnC，如式（3-23）～式（3-25）所示。

$$\text{TEnC} = \frac{(1+i)^{L}-1}{i\,(1+i)^{L}} \cdot \sum_m \text{fee}_m \cdot \text{Pop} \cdot l_m \cdot [(1-r_S) + r_S \cdot (1-\eta_{Tm})] \tag{3-23}$$

$$TREnC = \frac{(1+i)^L - 1}{i(1+i)^L} \cdot \sum_m fee_m \cdot Pop \cdot l_m \cdot \left[(1-r_s) + r_s \cdot (1-\eta_{TRm}) \cdot (1-r_{Rw})\right]$$

$$(3-24)$$

$$EnC = \frac{(1+i)^L - 1}{i(1+i)^L} *$$

$$\sum_m fee_m \cdot \left[Pop \cdot l_m \cdot (1-r_s) + Pop \cdot Gl_m \cdot r_s \cdot (1-\eta_{SRm}) \cdot (1-r_{Rw})\right] \quad (3-25)$$

3.2.2.3 资源性能的货币化

城市水环境系统的资源性能描述了系统的物质回收能力，与系统的环境性能类似，需要利用环境经济学的相关知识对其进行货币化。

城市水环境系统回收的物质为社会提供了相应的资源，减少了新资源的开采量，鉴于此，本研究采用市场上相应资源的实际价格将城市水环境系统的资源性能货币化，计算系统的资源效益（Resource Benefit）[22]。与环境成本类似，系统的资源效益也是发生在系统的整个寿命期内，因此在本节中也定义折算到系统建设期的净现值为系统的资源效益，如下式（3-26）所示。

$$ReB = \frac{(1+i)^L - 1}{i(1+i)^L} \cdot (W \cdot p_W + N \cdot p_N + P \cdot p_P) \quad (3-26)$$

其中，W、N 和 P 分别为系统水资源、氮和磷的年回收量；p_W、p_N 和 p_P 分别为水资源价格、氮肥（折纯量）的价格和磷肥（折纯量）的价格。

与系统的环境成本类似，城市水环境系统资源效益计算的关键是计算系统水资源、氮和磷的回收量。通过对传统模式系统、回用模式系统和源分离模式系统的物质流分析可知：传统模式系统不具有水资源的回收能力，而对于氮、磷来说，除了进入污水处理设施的出水外，剩余部分80％的氮在处理过程中通过硝化和反硝化以氮气和少量氮氧化物的形式排入大气，20％则进入剩余污泥当中；剩余部分的磷几乎全部进入剩余污泥[165]。剩余污泥中的氮、磷与大量的无机污染物、有机污染物、重金属等物质共存，使得氮、磷通过污泥堆肥进行农用的难度和风险增大，目前许多国家已经禁止使用城市污水处理过程中产生的污泥进行农业生产[166]。因此，本研究不考虑通过对剩余污泥的处理来对氮、磷进行回收，传统模式系统也就不具有氮、磷的回收能力。回用模式系统通过再生水的使用回收水资源，其水资源回收量 TRW 见式（3-27）。与传统模式类似，回用模式系统同样也不具有氮、磷的回收能力。源分离系统则通过灰水的处理和回用回收水资源，通过黄水和褐水的收集和处理回收营养氮、磷，其资源回收量如式（3-28）所示。

$$TRW = Q_w \cdot r_{Rw} \quad (3-27)$$

$$SRW = Q_{Gw} \cdot r_{Rw}$$

$$SRN = Pop \cdot (l_{TN} - Gl_{TN}) \cdot r_s \cdot \left[\omega \cdot \eta_{NY} + (1-\omega) \cdot \eta_{NB}\right]$$

$$SRP = Pop \cdot (l_{TP} - Gl_{TP}) \cdot r_s \cdot \eta_P \quad (3-28)$$

其中，Q_w 和 Q_{Gw} 分别为回用模式系统的污水处理量和源分离模式系统的灰水处理量；ω 为黄水中氮的含量占黑水中氮含量的比例，取值范围为 $0.88 \sim 0.90$[46,167]；η_{NY} 为黄水处理设施的氮回收率，η_{NB} 为褐水处理设施的氮回收率，η_P 为黄水和褐水处理设施的磷回收率。

根据2.1.3节中源分离模式系统处理技术的综述可知，在比较好的工程条件下，进入黄水处理设施中的氮和磷，除了 1% 左右的氮在处理过程中挥发进入大气外，其余均迁移进入黄水处理后生成的农业肥料当中；而进入褐水处理设施中的氮和磷则可以全部迁移进入系统的堆肥产物当中[63,64]。因此，本研究中 η_{NY} 取 0.99，η_{NB} 和 η_P 均取 1。

根据上述分析和假设，传统模式系统、回用模式系统和源分离模式系统的资源效益 TReB、TRReB 和 SRReB 分别为：

$$TReB = 0 \tag{3-29}$$

$$TRReB = \frac{(1+i)^L - 1}{i(1+i)^L} \cdot Q_w \cdot r_{Rw} \cdot p_w \tag{3-30}$$

$$ReB = \frac{(1+i)^L - 1}{i(1+i)^L} \cdot \{Q_{Gw} \cdot r_{Rw} \cdot p_w + Pop \cdot (l_{TN} - Gl_{TN}) \cdot r_s \cdot [\omega \cdot \eta_{NY}$$

$$+ (1-\omega) \cdot \eta_{NB}] \cdot p_N + Pop \cdot (l_{TP} - Gl_{TP}) \cdot r_s \cdot \eta_P \cdot p_P\} \tag{3-31}$$

3.2.3 系统成本效益的综合比较

CBA 成本效益的综合比较方法主要有三种：净现值法、现值指数法和内含报酬率法[168]。考虑到城市水环境系统投资建设的特点以及城市水环境系统潜力的定义，本研究采用净现值法对城市水环境系统的成本和效益进行综合比较。

净现值法是指在投资项目的寿命期内，将按照一定贴现率折算的所有效益现值和成本现值做差，其差值为净现值（Net Present Value，NPV），NPV 越大，说明投资项目越可行[168]。根据此定义，城市水环境系统的 NPV 为：

$$NPV = ReB - (EcC + EnC) \tag{3-32}$$

从城市水环境系统 NPV 的数学表达上可以看出，其与表征系统潜力的系统全成本 LC 互为相反数，即：

$$LC = -NPV \tag{3-33}$$

3.3 三种模式城市水环境系统在我国建设的潜力分析

3.3.1 潜力分析的情景设计

根据本章建立的城市水环境系统潜力判断分析方法，本节从全国和分地区两个层面对我国 2050 年的城市水环境系统在以下三个情景中的潜力进行了计算，分析和比较了传统模式、回用模式和源分离模式三种城市水环境系统在我国建设的潜力。

■ 情景 I：全国所有城市的水环境系统均为传统模式系统 T。
■ 情景 II：全国所有城市的水环境系统均为回用模式系统 TR。
■ 情景 III：全国所有城市的水环境系统均为源分离模式系统 SR。

情景计算中假设 2050 年我国的城市水环境系统只对城市生活污水进行处理，工业污水则建设专门的工业水环境系统进行收集和处理，完全独立于城市水环境系统。此假设是基于我国城市工业空间布局的发展趋势提出的。当前，城市工业的布局发展趋势是要将城市内的工业企业尽可能多地建设在城市的工业园区内，这为工业水环境系统的建设提供了基础，使得城市中工业污水的单独收集和处理成为了可能。此外，假设情景 I 中传统模式系统的污水处理厂采用二级处理技术；情景Ⅱ中回用部分的污水进行三级处理，而剩余部分的污水则进行二级处理。这样的假设使得情景Ⅰ和情景Ⅱ的潜力计算结果具有可比性。

3.3.2 潜力分析的输入和参数

3.3.2.1 潜力分析的输入

根据 3.2.2 节中所建立的城市水环境系统经济性能、环境性能和资源性能货币化的方法可知，对系统潜力进行判断分析时需要的输入大致可以分为三类：Ⅰ类输入描述了系统服务区域的属性，包括服务区域内的城市人口 Pop，用于区域城市污水排放量计算的城市人均生活用水量 Q_P 以及贴现率 i；Ⅱ类输入表示了规划区域对系统的要求，包括系统普及率 r_s，系统的再生水利用率 r_{Rw} 以及系统的寿命 L；Ⅲ类输入表征了规划区域中相关环境与资源政策对系统的影响，包括污染物排污收费标准 fee_{COD}、fee_{TN} 和 fee_{TP}，资源价格 p_W、p_N 和 p_P。

表 3.1 给出了在全国层面对三个情景中城市水环境系统潜力进行分析的输入，包括各项输入的取值范围、概率分布、数据来源等信息。其中，r_s 即城市污水处理率，采用全国 1990～2007 年的统计数据[169]利用 S 形曲线拟合外推得到；r_{Rw} 则根据城市终端用水分析的结果假设给出，相关研究表明，在城市中，如果不考虑使用再生水满足城市生态的需求，城市用水中 25%～40%的部分可以被再生水所代替[170-172]。

全国层面城市水环境系统潜力分析的输入 表 3.1

类别	项目	取值	单位	概率分布	来源
Ⅰ	Pop	74200～115290	$\times 10^4$ p	正态分布	[173-178]
	Q_P	225～250	L/(p·d)	均匀分布	[6]
	i	5.94%	—	—	[179]
Ⅱ	r_s	100%	—	—	预测
	r_{Rw}	30%	—	—	假设
	L	30	a	—	假设
Ⅲ	fee_{COD}	700	y/t	—	[180]
	fee_{TN}	14000	y/t	—	[180-183]
	fee_{TP}	70000	y/t	—	[180-183]
	p_W	2.2	y/t	—	[184]
	p_N	1400	y/t	—	[185]
	p_P	2650	y/t	—	[185]

考虑到上述各项输入在 31 个省市地区的数据可获得性，本研究在对各地区三种情景下城市水环境系统的潜力进行判断分析时，只考虑输入 Pop、Q_P、r_s 和 p_W 具有空间分布性，其他输入均与全国层面潜力分析的输入相同。利用 31 个省市 1998～2007 年城市污水处理率的统计数据[169]，通过 S 形曲线拟合外推得到 2050 年各地区的污水处理率即系统普及率 r_s 均为 100%。各地区的水资源价格 p_W 则取 2008 年 6 月各地区省会城市居民生活、行政事业和经营服务水价的加权均值。

3.3.2.2　潜力分析的参数

城市水环境系统潜力分析的参数可以分为两类，Ⅰ类参数是排污特征参数，例如城市污水和城市灰水中人均污染物的年排放量 l_m 和 Gl_m 等；Ⅱ类参数是处理技术特征参数，例如传统模式系统处理单位污水量需要的建设成本 $perWtCC_j$，回用模式系统对污染物的去除率 η_{TRm} 等。表 3.2 列出了系统潜力分析过程中涉及的所有参数，并根据三种情景下我国城市水环境系统潜力计算的需求确定了各项参数的取值范围与概率分布。

我国城市水环境系统潜力分析的参数　　　　　　　表 3.2

类别	项目	取值		单位	概率分布	来源
Ⅰ	l_m	COD	10～74	kg/(p·a)	见图 3.2	[170-172]
		TN	0.75～7			
		TP	0.14～1.65			
	Gl_m	COD	4～30	kg/(p·a)	见图 3.3	[170-172]
		TN	0.02～0.21			
		TP	0.01～0.16			
	ω	0.88～0.90		—	均匀分布	[46,167]
Ⅱ	$perWtCC_j$	$j=$二级处理，800～2800		y/(m³·d)	均匀分布	[36]
	α_{Wt}	0.01～2.16		—	见图 3.4	[35]
	β_{Wn}	1.5～2.5		—	均匀分布	[66,160,161]
	γ_{Wn}	1‰		—	—	[66,160,161]
	$perRtCC_k$	$k=$二级处理，700～1300		—	均匀分布	[36]
	α_{Rt}	0.01～2.16		—	见图 3.4	[35]
	β_{Rn}	2～4		—	均匀分布	[66,160,161]
	γ_{Rn}	1‰		—	—	[66,160,161]
	$CC\varphi_{SR/TR}$	1.5～1.8		—	均匀分布	[164]
	$OMC\varphi_{SR/TR}$	85%～90%		—	均匀分布	[164]
	η_{Tm}	COD	80%～90%	—	均匀分布	[35]
		TN	50%～70%			
		TP	65%～85%			
	η_{TRm}	COD	80%～90%	—	均匀分布	[35]
		TN	50%～70%			
		TP	65%～85%			
	η_{SRm}	COD	85%～95%	—	均匀分布	[54,55,186-189,225]
		TN	40%～60%			
		TP	70%～80%			
	η_{NY}	0.88		—	—	[46,167]
	η_{NB}	1		—	—	[46,167]
	η_P	1		—	—	[46,167]

在利用上述参数对我国进行城市水环境系统潜力分析时，不考虑各个参数的地区性差异，即在全国和各地区两个层面对城市水环境系统三种情景下的潜力进行分析的过程中，均按照表 3.2 中给出的参数范围和概率分布确定参数的取值。在所有的参数中，l_m、Gl_m 和 α_{wt} 的取值范围和概率分布是通过统计分析文献数据和统计数据得到的，其具体的概率分布形式如图 3.4 所示。

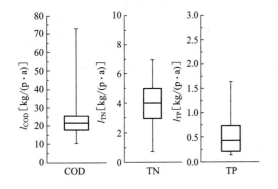

图 3.2　污水中人均污染物的排放量

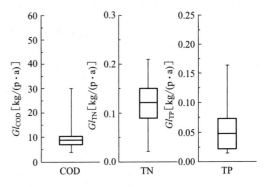

图 3.3　灰水中人均污染物的排放量

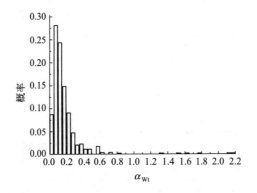

图 3.4　统计得到的经验系数 α_{wt} 的概率分布

3.3.3　全国层面潜力分析的结果

3.3.3.1　三种模式系统的潜力

（1）经济成本（EcC）

图 3.5 与图 3.6 分别给出了三种计算情景下我国城市水环境系统经济成本的均值和概率分布。从图 3.5 中可以看出，在我国未来城市中建设 T 模式、TR 模式和 SR 模式城市水环境系统所需要的经济成本依次升高，从统计平均的意义上看，SR 模式系统所需要的经济成本是 TR 模式系统的 1.3 倍，是 T 模式系统的 1.5 倍；TR 模式系统所需要的经济成本是 T 模式系统的 1.2 倍。可见，三种情景中，建设 T 模式系统的情景Ⅰ具有直接经济优势。

进一步统计三种情景下城市水环境系统潜力的概率分布，可以发现，T 模式系统经济成本低于 SR 模式系统经济成本的概率 P（TEcC＜SREcC）为 87.1%；T 模式系统经济成本低于 TR 模式系统经济成本的概率 P（TEcC＜TREcC）为 66.8％；TR 模式系统经济成本低于 SR 模式系统经济成本的概率 P（TREcC＜SREcC）为 77.6％。这表明，建设 T 模式系统的情景 I 所具有的经济优势具有一定的显著性。

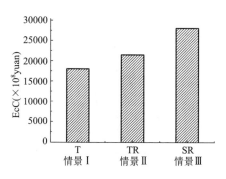

图 3.5　三种情景下系统经济成本均值

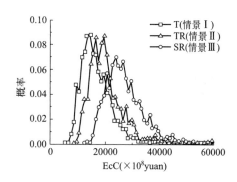

图 3.6　三种情景下系统经济成本分布

（2）环境成本（EnC）

图 3.7 与图 3.8 是三种情景下我国城市水环境系统环境成本的计算结果。从中可以看出，建设 T 模式系统的情景环境成本最高，是建设 TR 模式系统情景的 1.6 倍，是建设 SR 模式情景的 24 倍；建设 TR 模式系统的情景环境成本次之，是建设 SR 模式情景的 15 倍。可见，从统计平均的意义上讲，建设 SR 模式系统的情景 III 具有绝对的环境成本优势，而分别建设 T 模式 TR 模式系统的情景 I 和情景 II 则在环境成本方面相当。

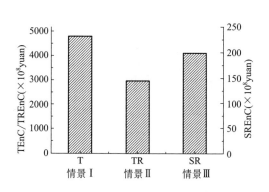

图 3.7　三种情景下系统环境成本均值

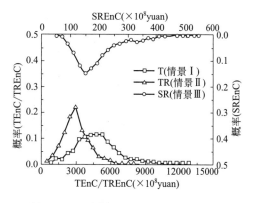

图 3.8　三种情景下系统环境成本分布

同样，进一步对三种情景下我国城市水环境系统的环境成本进行概率的统计分析结果表明，建设 SR 模式的系统在环境成本方面具有显著的优势；而对于 T 模式系统和 TR 模式系统来说，从概率的角度来看，建设 TR 模式系统的环境成本优势更为明显，因为 TR 模式系统环境成本低于 T 模式系统环境成本的概率 P（TREnC＜TEnC）为 80.7％。

（3）资源效益（ReB）

全国层面三种情景下我国城市水环境系统资源效益的计算结果如图 3.9 和图 3.10 所示。SR 模式系统由于不仅可以回收再利用水资源，还可以回收污水中的氮磷元素，因此具有较高的资源效益。从统计平均意义上看，SR 模式系统的资源效益是 TR 模式系统资源效益的 1.2 倍；从概率统计意义上看，SR 模式系统资源效益大于 TR 模式系统资源效益的概率 P（TRReB＜SRReB）为 85.1%。

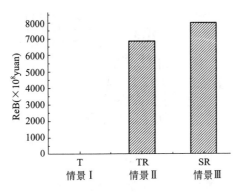

图 3.9　三种情景下系统资源效益均值

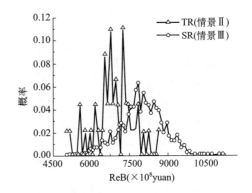

图 3.10　三种情景下系统资源效益分布

（4）系统潜力

基于上述系统经济成本、环境成本和资源效益的计算结果，根据式（3-32）与式（3-33）可以得到三种计算情景下表征城市水环境系统潜力的系统全成本 LC，如图 3.11 与图 3.12 所示。

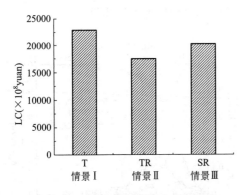

图 3.11　三种情景下系统全成本均值

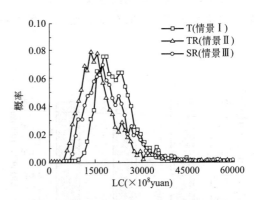

图 3.12　三种情景下系统全成本分布

从统计平均的意义上来看，建设 TR 模式系统的情景Ⅱ具有最小的全成本，其次为建设 SR 模式系统的情景Ⅲ，而建设 T 模式系统的情景Ⅰ全成本最高，是情景Ⅱ的 1.3 倍，情景Ⅲ的 1.1 倍。根据城市水环境系统潜力的定义，系统的全成本越大，系统的潜力越小，因此，与 T 模式系统相比，新型的 TR 模式和 SR 模式的城市水环境系统具有潜力优势。

从概率统计的意义上来看，情景Ⅱ全成本小于情景Ⅰ全成本的概率，即 TR 模式系统潜力大于 T 模式系统潜力的概率 P（TR＞T）为 74.2%（＞表示比较级高于）；情景Ⅲ全成本小于情景Ⅰ全成本的概率，即 SR 模式系统潜力大于 T 模式系统潜力的概率 P（SR＞T）为 61.8%。可见，上述 TR 模式和 SR 模式两种新型城市水环境系统具有的潜力优势有一定的显著性和广泛性。

　　3.3.3.2　灵敏性分析

　　上述对 T 模式、TR 模式和 SR 模式三种城市水环境系统在全国层面的潜力分析是在现有的环境资源政策的基础上进行的，也就是说，在对各种模式系统进行潜力估算的过程中，与环境和资源价值相关的输入：污染物排放收费标准 fee_{COD}、fee_{TN} 和 fee_{TP} 与资源价格 p_W、p_N 和 p_P 均采用现状值。考虑到我国未来环境资源政策发展的趋势以及其对城市水环境系统潜力的影响，本节将对 fee_{COD}[①]、p_W、p_N 和 p_P 进行灵敏性分析，考察环境资源价值的变化对不同模式系统潜力的影响。

　　将 fee_{COD}、p_W、p_N 和 p_P 的取值在表 3.1 的基础上增加 10%，分别计算三种模式系统 LC 均值以及任意两种系统潜力比较结果概率的变化，如图 3.13 与图 3.14 所示。

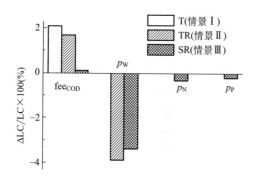

图 3.13　三种模式系统 LC 均值的变化

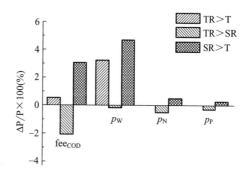

图 3.14　系统潜力比较结果概率的变化

　　fee_{COD} 的增加使得城市水环境系统的环境成本增加，进而导致系统全成本的增加，潜力的减小，其中受到影响最为显著的是 T 模式系统，其次为 TR 模式系统（如图 3.13 所示）。由于 T 模式系统不具有水资源的回收能力，因此，p_W 的变化只对 TR 和 SR 模式系统的全成本产生影响。p_W 的增加使得城市水环境系统的资源效益增加，进而使得全成本降低，潜力增大，当 p_W 增加 10% 时，TR 和 SR 模式系统全成本均值将减少 3% 以上。由于只有 SR 模式的系统具有氮磷的回收能力，因此 p_N 和 p_P 的变化只对 SR 模式系统的全成本均值产生影响，与 p_W 类似，当 p_N 和 p_P 增加时，SR 模式系统的全成本将降低，潜力将增大。根据图 3.13 的结果，针对三种系统模式将 fee_{COD}、p_W、p_N 和 p_P 按照灵敏性排序，可以得到：T 模式系统的全成本只对 fee_{COD} 敏感；TR 模式系统的全成本对 p_W 最为敏感，其次为 fee_{COD}；SR 模式系统的全成本同样也对 p_W 最为敏感，剩下依次为 p_N、p_P 和 fee_{COD}。由此可见，对于 TR 模式和 SR 模式两种新型城市水环境系统来说，p_W 是影响其潜力大小的关键因素，p_W 越大，新系统的潜力优势越大。因此，从系统自身潜力大小的角度来看，目前水资源价格不断上涨的趋势将促进 TR 模式和 SR 模式两种新型城市水环境系统潜力的增加。

　　图 3.14 描述了 fee_{COD}、p_W、p_N 和 p_P 的变化对任意两种系统潜力比较结果概率的影响。可以看出，fee_{COD} 与 p_W 相似，两者增大都会使得 P（TR>T）和 P（SR>T）增大，使得 TR 模式系统潜力大于 SR 模式系统潜力的概率 P（TR>SR）减小，这表明，fee_{COD}

────────────

　　①　fee_{TN} 和 fee_{TP} 与 fee_{COD} 具有相关性，因此在这里只对 fee_{COD} 进行灵敏性分析。

和 p_W 的增大将使得 TR 与 SR 模式系统潜力优势的显著性增加。

而 p_N 与 p_P 相似，两者的变化只对 P（TR＞SR）和 P（SR＞T）产生影响，当两者增加时，P（TR＞SR）将减小，P（SR＞T）将增大，这表明 p_N 和 p_P 的增大将使得 SR 模式系统潜力优势的显著性增加。根据图 3.14 的结果，针对 P（TR＞T）、P（SR＞T）和 P（TR＞SR）将 fee_{COD}、p_W、p_N 和 p_P 按照灵敏性排序，可以得到：P（TR＞T）对 p_W 最为敏感，其次是 fee_{COD}；P（SR＞T）对 p_W 最敏感，其余依次为 fee_{COD}、p_N 和 p_P；P（TR＞SR）对 fee_{COD} 最敏感，其余依次为 p_N、p_P 和 p_W。由此可见，对于 TR 模式和 SR 模式两种新型城市水环境系统来说，p_W 是影响其潜力优势显著性的关键因素，p_W 越大，新系统的潜力优势的显著性越强，因此，从系统潜力优势显著性的角度来看，目前水资源价格不断上涨的趋势将促进 TR 模式和 SR 模式两种新型城市水环境系统所具有潜力优势的可靠性提高。

由上可知，随着我国城市的不断扩张，人们对环境和资源价值认识的不断深刻，水资源的价格将越来越高，排污收费的标准将越来越严格。这些环境与资源政策的变化将使得 TR 模式和 SR 模式两种新型城市水环境系统的优势不断凸显，优势的显著性不断提高。这就为在我国城市建设这两种模式的新型城市水环境系统提供了契机。

3.3.4 各地区潜力分析的结果

3.3.4.1 三种模式系统的潜力

（1）经济成本（EcC）

图 3.15 给出了在我国 31 个省市地区分别建设 T 模式、TR 模式和 SR 模式城市水环境系统所需经济成本均值的空间分布。从图中可以看出，对于任意模式的城市水环境系统来说，经济成本需求高的地区大多集中在"黑河—腾冲"线以南，与我国人口集中地区的空间分布相似。这主要是因为人口集中的地区城市污水的产生量较多，进而使得污水处理的规模较大，水环境系统的经济成本较高。

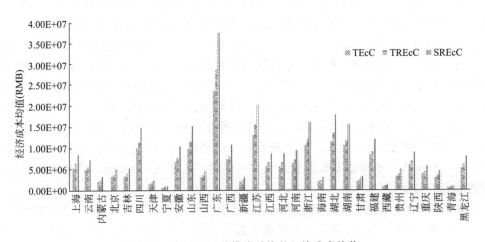

图 3.15　各地区三种模式系统的经济成本均值

对于任意一个地区来说，建设 SR 模式系统的经济成本最高，其次为 TR 模式系统，T 模式系统的经济成本最低，这与全国层次的计算结论相同。

（2）环境成本（EnC）

图 3.16 是三种情景下各省市地区城市水环境系统环境成本均值的计算结果。与经济成本均值的空间分布类似，环境成本均值高的地区也集中在"黑河—腾冲"线以南。这些地区较多的人口必然产生较多的污染物排放，使得地区内城市水环境系统的环境成本增大。

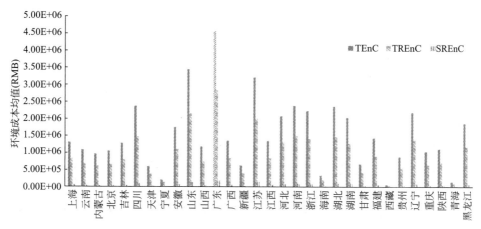

图 3.16　各地区三种模式系统的环境成本均值

对于同一个地区来说，建设 T 模式系统需要的环境成本最高，其次为 TR 模式系统。SR 模式系统的建设大幅度地减少了区域水污染负荷的排放量，使得情景Ⅲ在三个情景中具有显著的环境成本优势。

（3）资源效益（ReB）

三种情景下各省市地区城市水环境系统资源效益均值的空间分布如图 3.17 所示。从图 3.17 中可以看出，除了 T 模式系统外，TR 模式系统和 SR 模式系统资源效益的空间分布规律与系统经济成本和环境成本的空间分布规律相似，效益高的地区也集中在我国"黑河—腾冲"线以南。

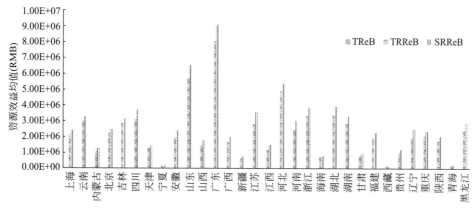

图 3.17　各地区三种模式系统的资源效益均值

对于同一个地区来讲，TR 模式系统和 SR 模式系统的资源效益相当。由于回收了污水中的氮和磷，所以 SR 模式系统的资源效益略高于 TR 模式系统。

（4）系统潜力

基于上述 31 个省市地区三种模式城市水环境系统经济成本、环境成本和资源成本的计算结果，本节对三种情景下城市水环境系统的全成本均值进行了计算，如图 3.18 所示。从系统全成本的空间分布来看，对于任何一种模式的系统来说，"黑河—腾冲"线以南地区的系统全成本要高于其余地区。而对于同一个区域来说，建设 TR 模式系统的情景 II 具有最低的系统全成本，潜力最大。

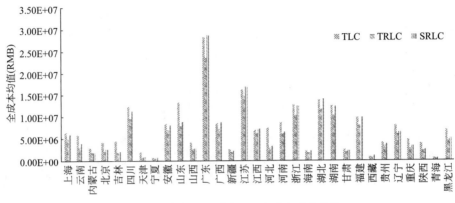

图 3.18　各地区三种模式系统的全成本均值

3.3.4.2　系统潜力的空间差异

本节通过 TR 模式系统与 T 模式系统的全成本比值（TRLC/TLC）以及 SR 模式系统与 T 模式系统的全成本比值（SRLC/TLC）来进一步描述 T 模式、TR 模式和 SR 模式系统的潜力差异以及这种差异在我国的空间分布。对于一个区域来说，如果 TRLC/TLC 或 SRLC/TLC 小于 1，即在该区域内建设 TR 模式或 SR 模式系统的全成本小于建设 T 模式系统的全成本，则说明对于该区域来说，TR 模式系统或 SR 模式系统比 T 模式系统更具有潜力，并且 TRLC/TLC 或 SRLC/TLC 越小，TR 模式系统或 SR 模式系统这种潜力的优势越明显，反之亦然。

图 3.19 给出了 TRLC/TLC 以及 SRLC/TLC 在我国的空间分布。从整体上看，我国 31 个省市的 TRLC/TLC 以及大部分地区的 SRLC/TLC 均小于 1，这表明 TR 模式和 SR

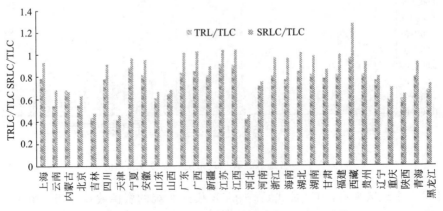

图 3.19　各地区 TRLC/TLC 与 SRLC/TLC 的取值

模式两种新型的城市水环境系统在我国具有广泛的空间建设潜力。从空间差异上看，TR-LC/TLC 以及 SRLC/TLC 较小的地区多分布在我国的北方地区，也就是说这些地区建设 TR 模式和 SR 模式两种新型城市水环境系统的优势更为显著。造成这种 TR 模式和 SR 模式系统优势显著程度空间差异的主要原因是我国北方地区城市较为严重的水资源短缺以及较高的水价。由此可见，在现有环境与资源的政策下，TR 模式和 SR 模式两种新型的城市水环境系统在我国北方地区已经具有了明显的潜力优势，这使得现阶段在我国建设 TR 模式和 SR 模式城市水环境系统的空间条件得以明确。

根据 TRLC/TLC 与 SRLC/TLC 的空间分布，可以按照同一地区内三种模式城市水环境系统潜力差异的不同将全国 31 个省市进行区划。区划的过程中假设：当两种模式系统全成本的比值大于 1 时，比值分母项中的系统模式优于分子项中的系统模式，具有潜力优势；当比值为 0.9～1 时，两种模式系统的潜力相当，不具有优势差异；当比值小于 0.9 时，与比值大于 1 时相反，比值分子项中的系统模式优于分母项中的系统模式，具有潜力优势。基于上述假设，我国 31 个省市地区可被分为六类，其中每类区划的具体特征及其包括的省份详见表 3.3。

各省市三种模式系统优势比较的分类结果

表 3.3

类别	特征	包含区域
Ⅰ	SR＞TR＞T	内蒙古
Ⅱ	TR＞SR＞T	北京、云南、重庆
Ⅲ	TR＞T＞SR	广东、广西、湖北
Ⅳ	TR＞(T≈SR)	安徽、福建、贵州、海南、湖南、青海、上海、四川、浙江
Ⅴ	(TR≈SR)＞T	甘肃、河北、河南、黑龙江、吉林、辽宁、宁夏、山东、山西、陕西、天津、新疆
Ⅵ	(TR≈T)＞SR	江苏、江西、西藏

注：A＞B 表示 A 方案优于 B 方案；A≈B) 表示 A 方案与 B 方案类似。

从区划的结果可以看出：在 Ⅰ、Ⅱ、Ⅴ 类地区中，与 T 模式城市水环境系统相比，在未来城市中建设 TR 模式和 SR 模式的新型水环境系统具有明显的优势；而对于 Ⅲ、Ⅳ、Ⅵ 类地区来说，TR 模式和 SR 模式两种新型城市水环境系统的优势并不是很明显，在部分地区 T 模式的系统还要优于 SR 模式的系统。从地区的数量上来看，TR 模式和 SR 模式两种新型城市水环境系统具有明显优势的 Ⅰ、Ⅱ、Ⅴ 类地区包括了我国 16 个省市，达到了一半；从空间分布上来看，Ⅰ、Ⅱ、Ⅴ 类地区几乎都似乎我国水资源短缺，水价较高的北方地区。

上述基于三种模式系统潜力差异的空间区划结果既能够为我国未来城市水环境系统规划政策的制定提供依据，也能够用于指导未来我国各个地区城市水环境系统的具体建设，例如，对于 Ⅱ 类地区的城市来说，在城市水环境系统建设的过程中可以优先考虑建设 TR 模式的系统。

3.4　本　章　小　结

本章在对城市水环境系统性能和潜力进行分别定义的基础上，以 CBA 为核心，以物质流分析、工程经济学和环境经济学的相关知识以及不确定性分析为主要工具，建立了能够用于不同模式城市水环境系统潜力判断分析的方法。该方法在系统潜力分析的过程中考察了参数不确定性与输入不确定性对分析结果的影响，使得该方法结论的可靠性与决策支持能力得到了大幅度的提高。

利用建立的方法，本章对 T 模式、TR 模式以及 SR 模式三种城市水环境系统在我国的潜力分别进行了全国层面和分地区层面的判断分析。结果表明：从全国层面来看，在现有的环境与资源政策下，TR 模式和 SR 模式两种新型城市水环境系统在我国已经具有一定显著性的优势。随着未来人们对资源和环境价值认识的不断深刻，水资源价格和排污收费标准的不断提高，TR 模式和 SR 模式系统的潜力优势以及优势的显著性将更为凸显。从分地区层面来看，在现有的环境与资源政策下，TR 模式和 SR 模式两种新型城市水环境系统在我国北方地区城市的优势已经非常明显，在这些地区可以考虑优先推行建设这两种模式的新型系统。根据各地区三种模式系统潜力分析的结果，本章还对我国 31 个省市地区按照三种模式系统潜力的差异进行了空间区划，为我国未来城市水环境系统规划政策的制定提供依据。

第4章 可持续性城市水环境系统规划方法的研究

城市可持续发展的需求，以 TR 和 SR 模式系统为代表的新型城市水环境系统的显著潜力以及现有城市水环境系统规划方法的不足，诸多因素相互影响，使得建立能够解决系统规划复杂性的可持续性城市水处理系统规划方法变得尤为迫切。

基于这样的背景，本章通过分析城市水环境系统的演变及其驱动力，解析可持续性城市水环境系统的概念和性质，明确了可持续性城市水环境系统规划过程中需要考虑的因素以及规划的目标。在此基础上，本章提出了可持续性城市水环境系统规划的原则，并基于现有城市水环境系统规划的流程，提出了可持续性城市水环境系统的规划方法，为可持续性城市水环境系统的规划提供了理论依据与方法指导。

4.1 城市水环境系统的演变及其驱动力分析

4.1.1 系统的演变

城市水环境系统的演变是指系统属性的变化，包括系统物理属性，如系统组成、结构、空间规模等的变化；系统社会属性，即系统功能的变化以及系统认知程度，如系统时间边界、系统动态性的变化。系统各项属性的变化相互联系，相互影响，共同作用推动城市水环境系统的发展。

根据城市水环境系统上述各项属性的差异，城市水环境系统的演变大致可以分为以下三个阶段[190,191]：

（1）Ⅰ阶段（18 世纪末～19 世纪）

虽然城市水环境系统的雏形可以追溯到公元前古希腊克里特岛上弥诺斯居民修建的简单下水道系统，但是目前大多数研究都认为现代城市水环境系统的形成应当起源于 18 世纪末水冲厕所在欧洲城市的广泛使用。这个阶段的城市水环境系统只有污水管网（图 4.1），其将污水排放用户产生的污水输送到城市水体进行排放，系统的主要功能是快速排除污水，保障城市的卫生条件。简单的结构和功能使得这个阶段城市水环境系统被认知的程度也比较低，例如，系统主要的评价标准是排水能力和排水速度；系统的环境要素只有污水排放用户；系统与用户之间按照水流方向只具有单向的输入输出关系；系统只被关注小时间尺度（分钟～天）内性能的表现和对用户局部空间的影响等。

（2）Ⅱ阶段（19 世纪末～今）

Ⅰ阶段系统的城市污水直接排放使得城市局部水环境质量恶化，污染事故频发，水源

用户 ——→ 污水管网 ——→ 水体

图 4.1 Ⅰ阶段城市水环境系统的结构示意

地安全受到了威胁。为了改善这种状况，II阶段城市水环境系统的功能定位从原先的排污开始向治污转变，保证城市的水环境质量成为系统的主要功能之一。

II阶段城市水环境系统即第2章和第3章中所定义的传统（T）模式城市水环境系统，它从19世纪末开始形成一直沿用至今，现在仍被大多数发达国家和我国的大部分城市所使用。该阶段的系统由污水管网和污水处理厂两部分组成，具有直线形的开环结构，管网从污水排放用户收集污水并将其输送至污水处理厂进行处理，经过处理后的污水排入城市水体，如图4.2所示。考虑到污水处理厂的规模效应，此阶段城市水环境系统往往都具有规模大的特点，它将城市污水进行集中收集、集中处理、集中排放。

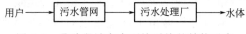

图4.2　II阶段城市水环境系统的结构示意

系统社会属性和物理属性的变化使得系统被认知的程度也发生了改变。系统不仅要被关注与及时排水相关的小时间尺度的性能，还要被关注与城市水环境质量相关的中等时间尺度（年）的性能；不仅要被考察对污水排放用户局部的影响，还要被考察对整个城市范围的影响。系统的环境要素除了污水排放用户外，还包括了城市水体。除了水量外，系统内有机物、氮、磷等化学物质的迁移转化过程成为系统关注的重点。此外，城市水环境系统不再被认为是一个稳态的系统，用户排水变化对系统的影响，系统实时控制等关于系统小时间尺度动态性的研究开始出现。

（3）III阶段（近二十年～）

III阶段城市水环境系统是在近二十年来开始提出的，即许多研究中讨论的未来城市需要的水环境系统。城市的可持续发展要求城市水环境系统不仅能够满足城市日益严格的环境需求，此外，作为城市中资源流动的节点之一，系统还要能够缓解城市日益严峻的资源压力。因此，此阶段城市水环境系统的功能是改善和保障城市环境质量，安全有效地回收和再利用进入系统的资源，促进城市的可持续发展。

与前两阶段的系统相比，III阶段系统的组成、结构以及空间布局都更加复杂。从组成上来看，III阶段系统包括了由污水管网、污水处理厂、再生水处理设施和再生水管网组成的回用系统（图4.3）；由污水分质收集及处理系统组成的源分离系统（图4.3）等，系统组成多样化。从结构上来看，为了实现安全有效回收资源的系统功能，系统均具有闭环的结构，这使得系统的复杂性增加。从空间布局上来看，系统闭环的结构，减少对管网依赖程度的要求以及再生水使用的安全性都要求III阶段系统不再局限于集中的空间布局方式，组团式、就地式的空间布局方式开始在III阶段系统中出现。

从对系统的认知程度上来看，III阶段系统在长时间、大空间尺度上的影响开始被关注，例如系统在运行过程中产生的温室气体对气候变化的影响，系统对整个流域生态完整性的影响等，这表明系统的时间边界与空间边界被进一步地扩展，从原先的年扩到几十年甚至上百年，从城市内部扩展到流域甚

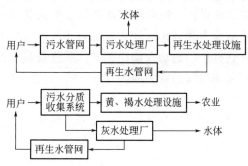

图4.3　III阶段城市水环境系统的结构示意

至全球。系统资源回收的功能使得在关注系统内常规化学物质的基础上，与人体健康密切相关的微生物、内分泌干扰物等微量污染物的迁移转化规律也开始被重视。此外，城市水环境系统的动态性也被进一步认识，除了小时间尺度的动态性外，系统大时间尺度的动态性也开始逐渐被关注，例如用水技术进步、社会结构变化对系统的影响等。

通过归纳上述城市水环境系统从Ⅰ阶段到Ⅲ阶段的演变过程，比较三阶段城市水环境系统属性的差异（见表 4.1），可以看出，城市水环境系统在发展的过程中，功能不断多样，组成结构不断复杂，被认知的程度也不断提高。系统这种演变的特征从系统自身属性的角度对系统的规划方法提出了要求，它要求城市水环境系统规划的方法应当在现有对系统属性认知的情况下，充分考虑系统功能的多样性和组成结构的复杂性。这是本研究在构建可持续性城市水环境系统规划方法过程中遵循的主要原则之一。

三阶段系统属性的比较　　　　　　　　　　　　　　　　　　表 4.1

系统属性		Ⅰ阶段	Ⅱ阶段	Ⅲ阶段
物理属性	系统组成	简单	较复杂	复杂
	系统结构	开环	开环	闭环
	空间规模	—	集中	集中、组团、就地
社会属性	系统功能	排污	治污	促进城市可持续发展
对系统的认知	时间尺度	小	小、中	小、中、大
	空间尺度	小	小、中	小、中、大
	系统内的物质	水	常规化学物质	常规化学物质、微生物、内分泌干扰物
	系统的环境要素	用户	用户、水体	用户、水体、区域物质流
	动态性	不考虑	小尺度	小、大尺度

4.1.2　驱动力分析

驱动力是指导致城市水环境系统演变的各种动力因素。城市水环境系统是城市中具有自然和社会双重属性的基础设施之一，影响其演变的因素众多[192]，例如，人口的增长、经济的增长、福利水平的提高、污水处理技术的进步、人们对环境价值认识的改变、相关环境政策的出现等。这些因素之间相互影响，以不同的方式作用于城市水环境系统。

通过对驱动城市水环境系统演变的因素进行因果关系分析，本研究认为，城市水环境系统演变的驱动力主要有三个，即城市化进程的加快、社会福利水平的提高以及技术的进步。

（1）城市化进程的加快

城市化进程的加快导致城市人口急剧膨胀，经济快速发展。这些不仅要求有更多的物质资源进入城市，还使得城市污染物的排放量不断增加，这与城市区域有限的资源总量和环境容量构成了矛盾（见图 4.4 与图 4.5）。作为城市中影响环境质量和资源流动的重要设施节点，城市水环境系统必须通过调节自身的功能来缓解城市所面临的这种发展过程中日益严峻的、环境与资源的双重压力，因此，从Ⅰ阶段～Ⅲ阶段，城市水环境系统的功能在不断地发生变化，以满足城市化进程对系统功能的要求。

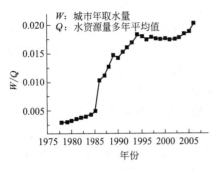

图 4.4　我国城市水资源需求量的变化

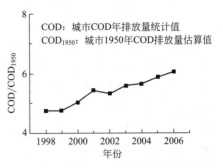

图 4.5　我国城市污染负荷排放量的变化

（2）社会福利水平的提高

社会福利水平的提高使得人们对环境价值的认识不断深入，对城市环境质量的要求不断提高，具体表现在城市日益严格和完善的环境标准上。1912 年英国皇家污水处置委员会对排入河流的水质进行了限制，要求 $BOD_5 < 20mg/L$，$SS < 30mg/L$，这一标准使得欧洲城市开始普及由污水管网和污水处理厂共同组成的 Ⅱ 阶段城市水环境系统[193]。此后，欧盟和美国不断推出更为严格的水质标准，并且不断扩展指标的数目，从原先的有机物扩展到重金属和氮、磷等营养物质，又扩展到微生物以及在自然界中长期存在的、具有致畸致癌变的微量有机物等[194]。社会福利水平的提高，环境标准的严格，这些促使城市水环境系统各方面的属性不断复杂化。

（3）技术的进步

这里所指的技术包括两个层面的内容，一类是指直接与城市水环境系统相关的技术，例如：与水处理技术密切相关的微生物技术、材料技术、控制技术，与系统建设相关的施工技术、管道技术等，这些技术的进步使得系统组成结构的变化成为可能，例如：污水处理厂的建设、污水的源头分质收集、污水的分质处理等，推动了系统从Ⅰ阶段到Ⅲ阶段的发展，为系统功能的变化提供了基础；另一类是指人们用于认识系统特征的技术，例如：监测技术、空间技术、计算机模拟技术等，这些技术的进步为系统被更深入地认知提供了工具，推动了系统的演变。

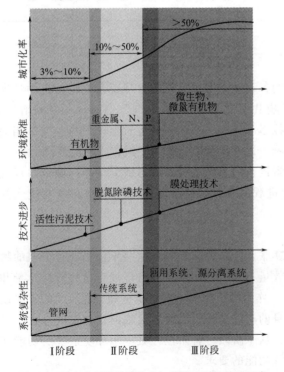

图 4.6　城市水环境系统演变与其驱动力的关系示意

综上所述，城市水环境系统的演变过程可由图 4.6 表示。城市化进程，社会福利水平以及相关技术的不断发展促使城市水环境系统从Ⅰ阶段向Ⅲ阶段发生演变，使得系统的功能、结构组成以及被认知的程度不断复杂化。系统演变的驱动力分析从影响系统发展的外界因素出发，对系统的规划方法提出了要求，它要求在对城市水环境系统进行规划的过程中，必须考虑系统驱动力因素可能的变化对系统的影响。这也是本研究在构建可持续性城市水环境系统规划方法过程中遵循的另一主要原则。

4.2　可持续性城市水环境系统的基本概念解析

4.2.1　系统的定义

1987 年，联合国世界环境与发展委员会在《我们共同的未来》报告中提出了"可持续发展"的概念，之后的二十余年中，世界上许多国家都制定了可持续发展的战略和规划，许多领域都开展了关于可持续发展的研究。从本质上讲，可持续发展是要求经济发展和环境保护相互协调，它包含了三个方面的含义，即效率、公平和生态系统的完整性，三者一并构成了评价可持续发展的根本依据[195]。可持续发展的出现和兴起反映了人们正在试图探索综合性、集成性的方法去解决各个领域的问题。

根据可持续发展的含义，可持续性城市水环境系统可以定义为，能够满足城市发展需求的，具有合理费用效益，并且能够保护城市生态环境质量，保证资源在人类社会中公平分配的城市水环境系统。

从可持续性城市水环境系统的定义可知，可持续性城市水环境系统的根本目标是促进城市的可持续性发展，其基本特征包括具有合理的费用效益、保护城市生态环境质量以及保证资源在人类社会中公平分配，这三个基本特征分别代表了可持续发展中"效率、生态完整性和公平"的内涵，是可持续性城市水环境系统可持续性的体现。

将上述可持续性城市水环境系统的基本特征与城市水环境系统的基本功能相结合进行进一步解析，可以认为，可持续性城市水环境系统的可持续性可以从以下几个方面得到具体的表现[196,197]：

(1) 能够有效地保障公众的健康安全；

(2) 能够避免城市环境的恶化（水环境、大气化境和土壤环境）；

(3) 促进城市尽可能少地使用自然资源（水资源、营养物质、能源等）；

(4) 在长期内具有可靠性，对未来的需求具有一定的适应性；

(5) 能够被支付；

(6) 具有公众可接受性。

将 4.1.1 节中城市水环境系统各阶段的属性特征与上述可持续性城市水环境系统的具体表现相比较，可以发现，系统演变过程中的Ⅲ阶段系统属于可持续性城市水环境系统。

4.2.2　系统的性质

与传统城市水环境系统相同，可持续性城市水环境系统具有整体性、开放性和动态性等基本性质。除此之外，可持续性城市水环境系统还具有复杂性和综合性，这两个性质是可持续性系统所特有的。

(1) 整体性

系统的整体性指的是：系统是由若干元素组成的、具有一定新功能的有机整体，各个作为系统子单元的元素一旦组成系统整体，就具有独立要素所不具有的性质和功能[198,199]。

以回用系统为例，该系统由具有污水输送功能的污水管网、具有污水处理功能的污水处理厂、具有再生水输送功能的再生水管网以及具有再生水处理功能的再生水处理设施组成。这些组成单元具有各自的性质和功能，但将其组合在一起，通过各单元之间的相互影响，相互协调，就使得整个回用系统具有"效率、公平和生态完整性"的特征以及促进城市可持续发展的功能。这些特征和功能是各个独立的组成单元所不具有的，也不能通过对各个组成单元进行简单叠加而获得，例如，将具有最佳成本效益的污水输送和处理单元与具有最佳成本效益的再生水输送和处理单元进行简单叠加，得到的水环境系统具有水资源的回收能力，但不一定具有最佳的成本效益，这就使得系统不满足可持续性城市水环境系统定义中效率内涵的要求，系统不具有可持续性。由此可见，可持续性城市水环境系统的完整性是系统可持续性的基础，只有保证了系统的整体性，才可能使系统具有可持续性。

（2）开放性

开放性是指系统不断与外界环境要素进行物质、能量、信息交换的性质[198,199]。对于可持续性城市水环境系统来说，城市内的污水排放用户、城市水体以及区域物质的循环均是其环境要素。污水排放用户通过排水向系统进行物质输入，输入的物质在系统内经过迁移和转化后，以系统出水的形式输出至城市水体，以再生水的形式输出至城市用水用户，以氮磷资源的形式输出至区域的营养物质循环系统。基于这样的物质交换，系统与外界环境要素之间还存在着相应的信息交换，例如，城市水体水质与系统污染物排放水平之间的相互作用，再生水用户对再生水的需求与系统水资源回收规模之间的相互作用等。综上可知，可持续性城市水环境系统"效率、公平和生态完整性"的特征是通过系统与外界环境要素之间的物质与信息交换来实现的，也就是说，可持续性城市水环境系统的可持续性实际上存在于系统的开放性之中。

（3）动态性

可持续性城市水环境系统的开放性决定了它不是一个静态的稳定系统，而是一个与其环境要素时空变化密切相关的动态系统。

根据发生的时间尺度不同，可持续性城市水环境系统的动态性可以划分为小、中、大三个层次。小时间尺度的动态性主要包括城市污水排放用户排水的时间动态性、再生水需求的时间动态性、管网输送的延迟性等。中时间尺度的动态性主要是指系统服务区的变化对系统本身的影响，例如：服务区内人口数量和人口密度、土地利用类型、水体功能定位等因素的变化对系统规模、布局等方面的影响。大时间尺度的动态性主要是指由于技术进步和社会结构变化而给系统带来的广义的动态性，例如，技术的进步导致污水排放用户排水量的减少，社会结构的变化使得污水排放用户排水时间的动态性发生改变，这些都将使得城市水环境系统的输入发生变化。

（4）复杂性

复杂性主要是指可持续性城市水环境系统组成结构与空间规模的复杂性。

可持续性城市水环境系统回收资源的能力要求系统中必须建设再生水处理和输送的设施或者污水分质收集、处理和输送的设施；要求系统具有闭环的结构，为物质的回收再利用提供路径。系统组成元素的增多使得系统结构的复杂性增大，系统闭环的结构使得各组成元素间的输入输出关系以及系统内的物质流动变得复杂，图4.7和图4.8分别给出了回用系统和源分离系统内物质流动关系的示意图。

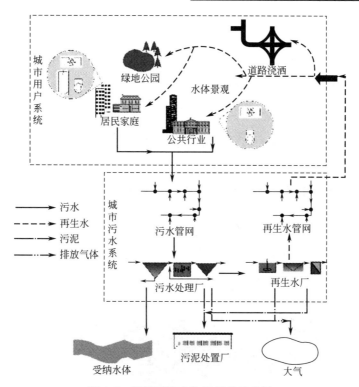

图 4.7　回用系统内物质流动示意图

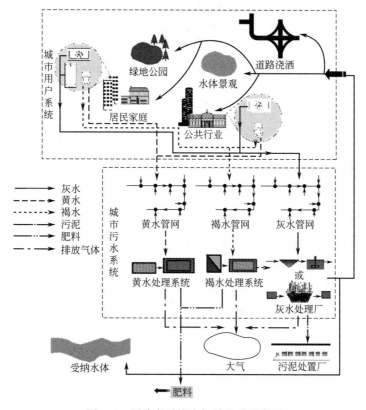

图 4.8　源分离系统内物质流动示意图

材料技术、自控技术以及监测技术的快速发展使得分散式的污水处理成为可能，这为可持续性城市水环境系统空间格局的多样性提供了技术支持。为了降低系统的经济投资风险，保障污水再生利用的安全性以及提高污水源头分质收集的可行性，可持续性城市水环境系统的空间格局和规模不再局限于传统的集中式大规模系统，组团式的、就地式的系统开始出现，这使得可持续性城市水环境系统在空间规模上的复杂性增加。

（5）综合性

可持续性城市水环境系统的综合性体现在它是一个多功能目标的系统，如图 4.9 所示。除了具有城市水环境系统的基本功能目标——"及时排除污水，保障城市水环境质量"外，可持续性城市水环境系统还具有经济目标——"具有可接受的投资要求"；环境目标——"尽可能少地向城市环境中排放污染物"；资源目标——"尽可能多地回收进入系统的水资源和营养物质"；技术目标——"具有长期的可靠性和适应性"以及社会目标——"具有一定的公众可接受性"。可持续性城市水环境系统的这种综合性正是其可持续性的具体表现。

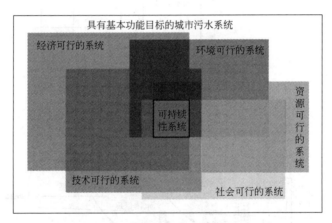

图 4.9　可持续性城市水环境系统的综合性表征

4.3　可持续性城市水环境系统的规划及其原则

4.3.1　规划的定义

可持续性城市水环境系统的规划是指在对可持续性城市水环境系统性质充分认识的基础上，以实现系统的可持续性为根本目标，在一定的自然和社会约束条件下，采用综合性、集成性、科学性的方法对城市水环境系统进行空间布局和能力确定。可持续性城市水环境系统规划是可持续性城市水环境系统建设和运行的基础，是促进城市可持续发展的重要战略之一。

从定义可以看出，对系统性质的充分认识是整个规划的基础。可持续性城市水环境系统的整体性、开放性、动态性、复杂性和综合性是由系统的功能所决定的，属于系统的基本特征。只有在规划中正确地认识并合理地考虑系统的这些性质，才能保证系统的可持续性，使系统在具有合理的费用效益下，实现保护城市生态环境质量，保证资源在人类社会中公平分配的功能。

可持续性城市水环境系统规划的根本目标是实现系统的可持续性，即在规划的过程中要保证同时实现系统的基本功能目标、经济目标、环境目标、资源目标、技术目标和社会目标。由此可见，可持续性城市水环境系统规划的实质是一个在系统多个冲突或者互补的目标之间进行持续协调的多目标综合规划。

此外，定义中的"自然和社会的约束条件"是指规划区域对可持续性城市水环境系统规划的限制，例如：区域的地形地貌、土地利用类型、占地面积的约束、城市水体的环境功能要求等，这些约束条件是可持续性城市水环境系统规划可行的基本保障；定义中的"综合性、集成性、科学性的方法"表明了可持续性城市水环境系统规划方法的特征；定义中"对城市水环境系统进行空间布局和能力确定"则指可持续性城市水环境系统规划的主要内容。

4.3.2　规划的原则

根据上述对可持续性城市水环境系统定义及其规划内涵的解析，基于可持续性城市水环境系统的基本特征和性质，本研究提出了可持续性城市水环境系统规划的原则：

（1）在进行可持续性城市水环境系统规划的过程中，应当协调好系统内各个单元之间以及系统与其环境要素之间的关系，以保障系统功能的正常实现。

所谓"协调好系统内各个单元之间以及系统与其环境要素之间的关系"是指在考虑系统组成单元之间关系以及系统与外界环境要素之间关系的基础上，将系统内所有的组成单元作为一个整体同时进行规划，确定系统的空间布局及规模。这种规划的方法保障了系统的整体性和开放性，为可持续性城市水环境系统的功能实现提供了基本保证。

（2）在进行可持续性城市水环境系统规划的过程中，应当协调好经济、环境、资源、技术、社会等多项系统功能目标之间的关系，选择综合效益好的方案。

可持续性城市水环境系统的综合性要求系统的规划不能以系统的经济可支付性为唯一目标，还应当考虑系统的环境保护能力、资源回收效益、技术可行性以及公众可接受程度等。只有这样，在规划的过程中以系统的多项性能为规划目标，才能保证系统的可持续性。由此可见，可持续性城市水环境系统的规划是一个在多个冲突或者互补的目标之间进行持续协调的多准则决策的过程。

（3）在进行可持续性城市水环境系统规划的过程中，应当选择鲁棒性较高的系统规划方案，以保证系统对未来具有较好的适应性。

城市水环境系统超长的生命周期使其规划对自身的动态性十分敏感，此外，系统的可持续性要求系统具有长期的可靠性和适应性。综合以上两个因素，在对可持续性城市水环境系统进行规划的过程中，必须通过情景分析等方法考虑系统所具有的小、中、大三个层次的动态性对系统的影响，选择对动态性适应能力较高的方案，否则将影响系统在整个寿命期内的可持续性表现。

（4）在进行可持续性城市水环境系统规划的过程中，应当综合应用多学科的方法，以保证规划的合理性和科学性。

系统的复杂性是可持续性城市水环境系统的重要特征，是系统具有可持续性的必然结果，它的出现使得系统规划的复杂性增加，使得现有基于经验的情景规划方法不适用于可持续性城市水环境系统。近些年来，相关学科技术，例如，多目标优化、多属性决策支持、空间 GIS 技术、风险分析等的发展，计算机能力的快速提高使得解决可持续性城市水环境系统规划的复杂性成为可能。由此可见，可持续性城市水环境系统规划的方法应当是多学科方法的集成。系统规划通过综合地使用多学科的方法，使得规划过程的经验性降低，合理性和科学性提高。

4.4　可持续性城市水环境系统规划的方法

为了解决由于可选模式、空间格局以及决策目标多样性而带来的城市水环境系统规划复杂性问题，本节以可持续性城市水环境系统的特征和性质为依据，在遵循 4.3.2 节中提出的可持续性城市水环境系统规划原则的基础上，构建了多层次、多目标、多方案筛选的，具有综合性、集成性的可持续性城市水环境系统规划方法，方法框架如图4.10 所示。

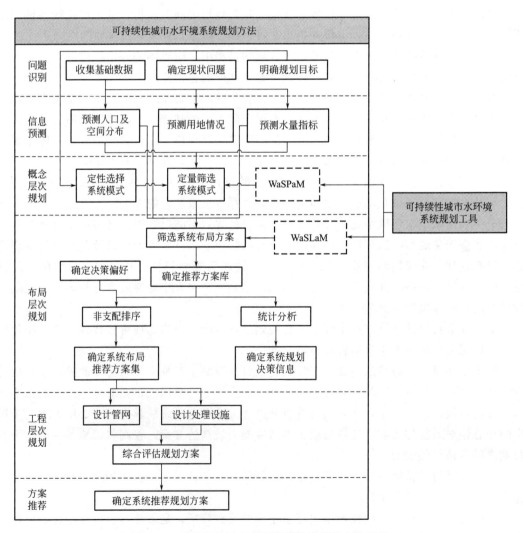

图 4.10　可持续性城市水环境系统规划的方法框架

从图 4.10 可以看出，本研究构建的可持续性城市水环境系统的规划方法可以分为六部分的内容：问题识别、信息预测、概念层次规划、布局层次规划、工程层次规划以及方案推荐。其中，问题识别是可持续性城市水环境系统规划的基础，它将为整个规划提供目标和指导思想，为后续的工作提供依据；信息预测则是通过量化规划区域在整个规划时空边界内的发展状况来为后续的系统方案规划提供基础数据支持；概念层次规划、布局层次规划以及工程层次规划是整个可持续性城市水环境系统规划的核心，它们依次从宏观、中观和微观三个层面，以系统的可持续性为目标，使用定量计算的方法不断深入地对系统进行规划设计，最终确定系统的空间布局和规模能力；方案推荐则是根据上述规划设计的结果，为决策者提供一个或多个满足区域要求的可持续性城市水环境系统规划方案，以供规划决策使用。

与现有的城市水环境系统规划方法相比，本研究构建的可持续性城市水环境系统规划方法增添了概念层次规划和布局层次规划两个规划环节。这两个规划环节的构建在遵循可持续性城市水环境系统性质和规划原则的基础上，以多目标、多方案筛选的方式解决了由于可选模式、空间格局以及决策目标多样性而带来的城市水环境系统规划复杂性问题，是整个可持续性城市水环境系统规划方法的关键，也是本研究的主要内容和创新点之一。下文将从内容、本质、功能及方法工具等各方面对概念层次规划和布局层次规划进行详细的阐述。

4.4.1 问题识别

问题识别包括三部分的内容：信息收集、现状分析和目标分析。首先，通过文献调研、实地调查、现场监测等方法对规划区域内与水环境系统相关的自然和社会信息进行收集；然后利用收集的信息进行规划区域及区域内水环境系统的现状分析，了解规划区域的现状问题；最后，根据现状分析的结果，结合与城市水环境系统规划相关的已有规划，构建系统规划的目标与指导思想。

问题识别过程中需要收集的信息可以分为两类（见表4.2），一类是规划区域历史及现状的相关数据，包括规划区域内已有水环境系统的信息以及系统外界环境要素的信息；另一类是规划区域内与水环境系统相关的已有规划信息。为了便于信息的提取以及后续规划过程中对信息的处理和使用，在问题识别的环节中，应当通过 GIS 建立系统规划信息数据库来对收集的数据进行管理。

问题识别过程中收集信息的分类　　　　　　　　　　　　表 4.2

数据分类		数据内容
历史及现状数据	已有系统的信息	1. 已有污水管网的位置和能力； 2. 已有污水处理厂的位置、处理能力及处理效率
	环境要素的信息	1. 地势地貌； 2. 区域内人口的数量及空间分布； 3. 土地利用状况； 4. 城市水体的空间分布、水量、水质及环境功能； 5. 资源使用状况，主要指水和营养物质等； 6. 系统的用户类型及各类用户的排水、用水水平
已有的规划数据		1. 城市总体规划； 2. 水资源规划； 3. 社会经济发展规划

现状分析主要是通过对收集到的信息进行定性和定量的分析，明确规划区域的社会经济、环境资源等条件以及现有水环境系统的状况，进而确定规划区域的现状问题，包括区域现存的环境、资源问题以及区域内已有水环境系统存在的功能问题等。

规划区域内与水环境系统相关的已有规划可以反映出区域未来发展对水环境系统的要求，将其与系统的现状进行比较分析，可以构建出规划区域城市水环境系统规划的目标和指导思想。系统规划的目标实质上是对规划区域系统功能的要求，其必须具有可达性，并且与区域发展的总体目标相一致。

4.4.2　信息预测

可持续性城市水环境系统规划过程中需要预测的信息主要包括：规划区域内人口的数量及其空间分布、规划区域的用地情况以及与水环境系统相关的水量信息。其中，人口数量及其空间分布描述了水环境系统用户的规模及其在空间上的分布；用地情况反映了水环境系统用户的类型以及各类用户在空间上的位置；相关水量信息则决定了水环境系统的规模。

规划区域内人口的数量及其空间分布和规划区域的用地情况在城市总体规划和控制性详细规划中都已经进行过预测，因此，在水环境系统规划的过程中，不再对其进行重复预测。由此可见，可持续性城市水环境系统规划过程中信息预测阶段的关键和核心任务是对水量进行预测。水量的预测分为污水排放量预测和再生水需求量预测两部分，其中，污水排放量的预测包括区域内各类污水排放用户的污水排放量、灰水排放量、黄水排放量以及褐水排放量；再生水需求量的预测包括区域内各类再生水用户的再生水需求量及其需求的季节波动性。之所以要在预测的过程中要考虑再生水需求的季节波动性，主要是因为再生水的产生和需求之间存在着明显的时间差异，这种差异将对系统的规模、布局以及区域再生水的利用能力产生影响。

4.4.3　概念层次规划

新型城市水环境系统的出现使得城市水环境系统不再局限于传统的模式，回用、源分离、分质排水等新的系统模式开始出现，城市污水处理开始多样化。这样的状况使得城市水环境系统在面临规划时首先需要解决选择哪种系统模式的问题。为了解决这一问题，本研究在构建的可持续性城市水环境系统规划方法中引入了概念层次规划这一环节。

系统的概念层次规划是指以可持续性城市水环境系统的性质和规划原则为依据，在充分认识规划区域现状问题的基础上，结合规划区域的实际情况和规划目标，以系统的可持续性为准则，从有限多个可选的系统模式中定量筛选出适合于规划区域的一种或几种可持续性城市水环境系统模式。

从上述定义中可以看出，概念层次规划不涉及空间概念，只对系统模式进行确定，是宏观层面上的系统规划，与城市规划中的总体规划相对应。概念层次规划的内容是从已有的系统模式中选择出适合于规划区域的、具有可持续性的一种或几种系统模式。通过完成这样的任务，概念层次规划将解决可持续性城市水环境系统规划过程中因为可选模式多样性和决策目标多样性而带来的规划复杂性问题。概念层次规划的本质是在规划区域内对各种系统模式进行可持续性评估，即对各种系统模式的经济、环境、资源、技术、社会等各方面性能进行综合评估。这样的本质决定了系统概念层次规划的科学问题实质是一个多属性决策（Multiple Attribute Decision Making，MADM）问题。

基于可持续性城市水环境系统概念层次规划的功能和科学问题实质，本研究基于 MADM 的基本框架开发了系统概念层次规划的工具，即图 4.10 中所示的 WaSPaM 模型（Urban Wastewater System Pattern Screening Model，城市水环境系统模式筛选模型），该模型的假设、结构等详细信息将在第 5 章中进行具体的阐述。

图 4.11 是可持续性城市水环境系统规划的机会成本曲线[200,201]，从中可以看出，与后续的布局层次规划和工程层次规划相比，概念层次规划对系统最终方案的影响能力最大，需要的成本最低。这表明概念层次规划是可持续性城市水环境系统规划过程中保证规划可持续性，提高规划效率的关键。

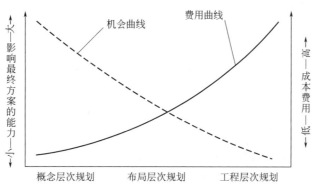

图 4.11　可持续性城市水环境系统规划的机会成本曲线

4.4.4　布局层次规划

布局层次规划是在概念层次规划的基础上，以可持续性城市水环境系统的性质和规划原则为依据，将选择的系统模式在规划区域内进行空间上的布置，确定系统内处理设施的个数、位置、规模、所选用的技术以及服务范围即处理设施与用户之间的连接关系。布局层次规划是概念层次规划的进一步深入，也是后续工程层次规划的基础，在整个规划的过程中承上启下，属于关键核心步骤。与概念层次规划和工程层次规划相比，布局层次规划是对可持续性城市水环境系统进行的中观层次的规划，与城市规划中的控制性详细规划相对应。

系统内设施数量的增加，污水处理技术的进步以及分散式、组团式系统布局的出现使得可持续性城市水环境系统空间布局方案的多样性和复杂性都大幅度提高。为了解决这一问题，布局层次规划采用连续计算筛选的方式对选择的系统模式进行空间布局，并且在布局的过程中以系统的可持续性为目标，即要求最终得到的系统布局方案同时具有良好的经济、环境、资源、技术、社会等多方面的性能；以系统内基本的水量水质关系为约束，即再生水的需求量不大于再生水的供给量，再生水的供给水质满足再生水用户的需求。此外，考虑到 2.3.2.3 节中提到的城市水环境系统所具有的两个基本空间特征——"系统内处理设施的处理能力和处理技术的选择必然与处理设施所在空间位置的地块面积紧密相关；系统内任意一个处理设施的服务区域必须在满足当地实际空间地理条件下具有空间完整性"，除了以水量水质关系为约束外，布局层次规划还以系统的空间性为约束。

基于上述对布局层次规划的描述，可以看出：布局层次规划的任务是在满足系统内水量水质需求，满足系统空间特征的要求下，以系统的可持续性为目标，通过计算生成已选系统模式的空间布局方案。通过完成这样的任务，布局层次规划将解决可持续性城市水环境系统规划过程中因为空间格局多样性和决策目标多样性而带来的规划复杂性问题。布局层次规划的本质是在系统模式确定的基础上，在一定的物理、化学和空间条件约束下，通过同时优化系统经济、环境、资源、技术、社会等多方面的性能来确定系统的空间布局。这样的本质决定了系统布局层次规划的科学问题实质是一个多目标决策（Multiple Objective Decision Making，MODM）问题。

基于可持续性城市水环境系统布局层次规划的功能和科学问题实质，本研究基于多目标空间优化开发了系统布局层次规划的工具，即图 4.10 中所示的 WaSLaM 模型（Urban Wastewater System Layout Planning Model，城市水环境系统布局规划模型），该模型的假设、结构、求解算法等详细信息将在第 5 章中进行具体的阐述。使用 WaSLaM 模型，布局层次规划能够为规划区域提供满足水量水质约束和系统空间特征约束的可持续性城市水环境系统推荐布局方案库。根据规划区域的要求以及当地决策者的决策偏好，将方案库中的方案进行非支配排序，即可为规划区域推荐具有可持续性优势的城市水环境系统布局方案。此外，通过对方案库中方案信息的统计分析，布局层次规划还能够为规划区域水环境系统规划的决策变量确定提供支持。

综上所述，布局层次规划在遵循可持续性城市水环境系统性质和规划原则的基础上，不仅解决了可持续性城市水环境系统规划过程中的复杂性问题，还使得系统布局规划的定量性提高，科学性和合理性增强。

4.4.5 工程层次规划

工程层次规划的主要任务是将布局层次规划推荐的系统布局方案进行细化，具体包括两部分的内容：首先，是进一步对系统的规划方案进行设计，例如确定管网的铺设方式和管径，明确处理设施中各个构筑物的规模等；其次，是在系统规划方案设计完成的基础上，量化系统经济、环境、资源、技术和社会等各项性能，表征系统规划方案的综合影响。与概念层次规划和布局层次规划相比，工程层次规划属于微观层次的规划，与城市规划中的专项规划相对应。

工程层次规划中规划方案设计部分与现阶段城市水环境系统规划的内容相似，可以参考相关的设计标准和规范来进行操作；规划方案性能量化部分与系统综合评估中的指标量化相似，可以采用相关研究涉及的方法对规划方案的各项性能进行量化，表 4.3 列出了部分用于性能量化的方法。由此可见，与概念层次规划和布局层次规划不同，工程层次规划可以使用现有城市水环境系统规划与评估的工具进行操作，无需开发新的模型工具。

工程层次规划中规划方案性能量化的方法　　　　　　　　　　　表 4.3

性能	量化方法
经济	工程经济学
环境	系统分析、系统集成模拟、情景分析
资源	系统分析、物质流分析
技术	系统分析、系统集成模拟、情景分析、专家咨询
社会	公众参与、专家打分

4.5　本 章 小 结

本章建立了可持续性城市水环境系统规划方法，为可持续性城市水环境系统的规划提供了指导与依据，为可持续性城市水环境系统的建设与推广提供了支持与向导，其主要内容包括：

首先，本章对城市水环境系统的演变及其驱动力进行了分析，分析表明可持续性城市水环境系统规划方法的构建应当从系统自身属性的角度出发，考虑系统功能的多样性和组成结构的复杂性；从系统的外界环境因素出发，考虑系统驱动力因素可能的变化对系统的影响。

其次，本章对可持续性城市水环境系统进行了定义，对其可持续性的内涵和可持续性的具体表现进行了解析，并且分析了可持续性城市水环境系统所具有的基本性质——整体性、开放性、动态性、复杂性和综合性。

再次，以可持续性城市水环境系统的定义和性质为基础，本章对可持续性城市水环境系统的规划进行了定义，并提出了分别与系统整体性、开放性、动态性、复杂性和综合性相对应的规划原则，保证了系统规划的可持续性目标。

最后，本章以上述可持续性城市水环境系统的特征、性质以及规划的原则为依据，在现有城市水环境系统规划流程的基础上，添加了概念层次规划和布局层次规划两个规划环节，构建了多层次、多目标、多方案筛选的，具有综合性、集成性的可持续性城市水环境系统规划方法，解决了由于可选系统模式、空间格局以及决策目标多样性而带来的城市水环境系统规划复杂性问题，提高了整个规划过程的定量化程度，加强了城市水环境系统规划的合理性与科学性。

第5章 可持续性城市水环境系统规划工具集的开发

基于第4章所建立的可持续性城市水环境系统规划方法的工具需求及其科学问题本质，本章开发了可持续性城市水环境系统规划的工具集，包括第4章中提及的、分别用于可持续性城市水环境系统规划过程中概念层次规划和布局层次规划的城市水环境系统模式筛选模型（Urban Wastewater System Pattern Screening Model，WaSPaM）和城市水环境系统布局规划模型（Urban Wastewater System Layout Planning Model，WaSLaM）。上述两个模型的开发为可持续性城市水环境系统的规划提供了工具支持，使得第4章中所建立的可持续性城市水环境系统规划方法具有了可操作性。

5.1 可持续性城市水环境系统规划工具集的组成

由4.4节可知，对于可持续性城市水环境系统规划的核心部分来说，工程层次规划由于规划内容的相似性，可以利用现有水环境系统规划的方法和工具进行操作，而新增的概念层次规划和布局层次规划则缺少相应的规划工具。因此，本研究开发的可持续性城市水环境系统规划工具集主要是针对概念层次规划和布局层次规划。

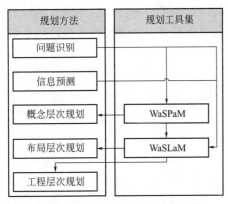

图 5.1 可持续性城市水环境系统
规划工具集的框架

如图5.1所示，可持续性城市水环境系统规划的工具集由 WaSPaM 模型和 WaSLaM 模型两部分组成，分别用于系统的概念层次规划和布局层次规划。两个模型在工具集内相对独立存在，通过简单的输入输出串行关系进行连接，即 WaSPaM 模型的输出——"推荐的系统模式"是 WaSLaM 模型的输入。工具集的输入是规划过程中问题识别和信息预测阶段的结果，包括规划目标、区域未来发展状况等；输出是已经确定了系统模式和系统空间布局的推荐规划方案，其将作为工程层次规划的输入，经过进一步细化后得到最终的系统规划方案，即符合规划区域要求的可持续性城市水环境系统规划方案。

可持续性城市水环境系统规划工具集的开发遵循了可持续性城市水环境系统的基本性质和规划原则，并以可持续性城市水环境系统规划的科学问题本质为依据，对工具集中模型的框架进行了构建。根据概念层次规划多属性决策（MADM）问题的科学本质，规划工具集中的 WaSPaM 模型是一个以 MADM 框架为核心，考虑了规划不确定性和决策偏好影响的城市水环境系统模式筛选模型。该模型将结合规划区域的实际情况和规划目标，对所有可选择的城市水环境系统模式进行综合评估和比较，筛选出符合规划区域要求的、具有可持续性优势的城市水环境系统模式。同样，根据布局层次规划多目标决策（MODM）问题的科学本质，规划工具集中的 WaSLaM 模型是一个具有物理、化学和空间条件约束的多目标优化模型，该模型将通过数学计算的方式确定系统的空间布局，即确定系统内处理设施的个数、位置、能力、所选用的技术以及服务范围，为规划区域推荐具有可持续性的系统布局规划方案。

5.2 城市水环境系统模式筛选模型（WaSPaM）

5.2.1 模型的基本框架

图 5.2 给出了 WaSPaM 模型的基本框架，该框架与 MADM 的框架相同，分为六个部分，即构建属性指标体系、量化属性指标、确定集结算子、确定属性指标权重、集结各属性指标及分析评估结果[202]。首先，根据可持续性城市水环境系统的特征，构建 WaSPaM 模型的属性指标体系；其次，根据规划区域的基本信息和相关参数信息，量化属性指标体系中的各个指标；再次，利用量化的属性指标所具有的客观信息和决策者决策偏好的主观信息确定属性指标的权重；最后，利用确定的集结算子，将量化的属性指标和确定的指标权重进行集成，构建 P.I. 指数（即性能指数，Performance Index）来对城市水环境系统模式的可持续性进行表征，P.I. 值越大，表示该系统模式的可持续性水平越高。利用各种系统模式的 P.I. 值，通过比较分析，可以为规划区域推荐可持续性水平高的系统模式，即 P.I. 值大的系统模式。

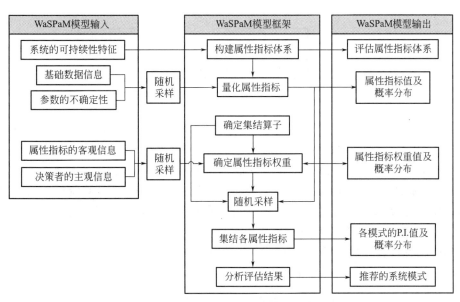

图 5.2 WaSPaM 模型的基本框架

考虑到规划的不确定性和决策者的决策偏好，WaSPaM 模型在量化属性指标和确定属性指标权重的过程中对属性指标值和权重值进行了概率分析，这就使得 WaSPaM 模型的输出不仅包括了属性的指标值、指标的权重以及各种系统模式的 P.I. 值，还包括以上各项的概率分布。这将使得 P.I. 指数的可用性得到提高，使得 WaSPaM 模型在给出推荐的系统模式同时还给出了这种模式优势的置信概率，从而提高了模型输出的可靠性。由此可见，WaSPaM 模型实质上是一个基于不确定性分析的多属性决策模型。

5.2.2　属性指标体系的构建

根据概念层次规划的定义可知，WaSPaM 模型筛选水环境系统模式的准则是系统的可持续性。由 4.2.1 节中可持续性城市水环境系统的具体表现可见，水环境系统的可持续性可以通过系统的经济性能、环境性能、资源性能、技术性能和社会性能来综合表征。基于此，本研究对城市水系统评估的相关研究进行了调研（见 2.3.1 节），并以易于量化和具有普适性为基本原则，构建了 WaSPaM 模型的属性指标体系，如图 5.3 所示。

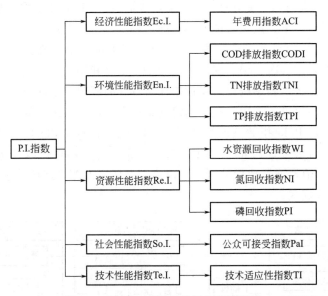

图 5.3　WaSPaM 模型的属性指标体系

从图 5.3 可以看出，WaSPaM 模型的属性指标体系具有二级的递阶层次结构。其中，系统的 P.I. 指数是整个属性指标体系的目标，它反映了系统模式的可持续性大小；5 个一级属性指标分别表征了系统模式的经济性能、环境性能、资源性能、技术性能和社会性能；9 个二级属性指标分别隶属于 5 个一级指标，进一步明确刻画了系统模式的各项性能，其具体的定义见表 5.1。9 个二级属性指标属于直观型指标，其取值大小可以通过对系统状态的观测得到；5 个一级属性指标则属于概念型指标，指标的取值通过集结隶属于各自的二级属性指标得到。从本质上看，P.I. 指数也可以看作是 WaSPaM 模型的一个概念型属性指标，它通过集结 5 个一级属性指标得到。

WaSPaM 模型属性指标体系中二级属性指标的定义　　　　　　表 5.1

编号(i)	属性指标	指标定义(x_i)
1	ACI	$x_1 = \dfrac{系统模式年费用（AC）}{GDP\ 现状值（GDP_0）}$
2	CODI	$x_2 = \dfrac{系统模式\ COD\ 年排放量（L_{COD}）}{COD\ 排放现状值（COD_0）}$

编号(i)	属性指标	指标定义(x_i)
3	TNI	$x_3 = \dfrac{\text{系统模式 TN 年排放量}(L_{\text{TN}})}{TN\ \text{排放现状值}(\text{TN}_0)}$
4	TPI	$x_4 = \dfrac{\text{系统模式 TP 年排放量}(L_{\text{TP}})}{TP\ \text{排放现状值}(\text{TP}_0)}$
5	WI	$x_5 = \dfrac{\text{系统模式水资源年回收量}(W)}{\text{水资源量现状值}(W_0)}$
6	NI	$x_6 = \dfrac{\text{系统模式氮年回收量}(N)}{\text{氮资源需求量现状值}(N_0)}$
7	PI	$x_7 = \dfrac{\text{系统模式磷年回收量}(P)}{\text{磷资源需求量现状值}(P_0)}$
8	PaI	$x_8 = \text{公众的可接受性}(\text{Pa})$
9	TI	$x_9 = \text{技术的灵活性}(T)$

5.2.3　属性指标的量化及预处理

根据图 5.3 所示的 WaSPaM 模型属性指标体系的二级递阶层次结构可知，9 个二级属性指标的量化是属性指标量化的基础和核心，因此，本节只对 9 个二级属性指标的量化方法进行定义。

从 WaSPaM 模型属性指标体系的 9 个二级属性指标的定义可以看出，二级属性指标可以分为两类，一类是可以直接定量计算的指标，包括：ACI、CODI、TNI、TPI、WI、NI 和 PI；另一类是不能直接量化的定性指标，包括 PaI 和 TI。

对于 WaSPaM 模型属性指标体系内可以直接定量的属性指标来说，根据定义可知其量化的关键是对系统模式的年费用 AC，COD、TN 及 TP 年排放量 L_{COD}、L_{TN} 和 L_{TP} 以及水资源、氮和磷年回收量 W、N 和 P 进行计算，其中除了 AC 外，其余属性指标的定量化方法与 3.2.2.2 节和 3.2.2.3 节中系统污染负荷排放量与资源回收量的计算方法相同，在本节中不再重复，详见式（3-20）～式（3-22），式（3-27）与式（3-28）。而对于 AC 来说，其量化的方法与 3.2.2.1 节中 EcC 的计算方法类似，只是 EcC 的计算将系统寿命期内的所有的年运行维护成本 OMC 折算到建设期，而 AC 的量化则要求将系统的建设成本 CC 折算到系统的每个运行年份当中，如式（5-1）所示。WaSPaM 模型考虑了规划不确定性带来的上述定量属性指标量化过程参数的不确定性，因此，定量指标量化的结果应该是各项指标 x_i（$i=1\sim7$）的概率分布。

$$\text{AC} = \text{OMC} + \left[\frac{(1+i)^L - 1}{i(1+i)^L}\right]^{-1} \cdot \text{CC} \tag{5-1}$$

对于 WaSPaM 模型属性指标体系内不能直接量化的定性指标 PaI 和 TI，本研究采用专家模糊判断的方法将其进行量化。量化的过程是将传统系统模式作为基准模式，根据专家及利益相关者自身的经验和主观判断，比较其他备选系统模式在公众的可接受性 Pa 和技术灵活性 T 上与传统系统模式的差异，并利用表 5.2 中 1～9 的标度将这种差异定量化，每个备选系统模式得到的标度值即为该系统模式的 PaI 值或 TI 值。由于 WaSPaM 模型考虑了不同专家及相关利益者在决策中的不同偏好，因此通过统计不同专家及利益相关者给出的定性属性指标 x_i（$i=8$、9）的指标值，也可以与定量属性指标类似，得到指标的概率分布。

WaSPaM 模型定性属性指标模糊判断中 1～9 标度的含义　　　　表 5.2

标　度	含　义
1	备选系统模式的 Pa 或 T 与传统系统模式的相同
3	备选系统模式的 Pa 或 T 稍微优于传统系统模式的
5	备选系统模式的 Pa 或 T 明显优于传统系统模式的
7	备选系统模式的 Pa 或 T 强烈优于传统系统模式的
9	备选系统模式的 Pa 或 T 极端优于传统系统模式的
2,4,6,8	对应以上两相邻判断的中间情况
倒数	备选系统模式与传统系统模式在上述描述中的前后位置互换

　　此外，从 9 个二级属性指标的定义还可以看出，二级属性指标之间具有不一致性，有的属于极小型指标，即指标取值越小，系统模式在该项指标所描述的系统性能方面表现越好，如 ACI；有的属于极大型指标，即指标取值越大，系统模式在该项指标所描述的系统性能方面表现越好，如 WI，这给属性指标的集结带来了难度。为了使属性指标便于集结，WaSPaM 模型采用取倒数的方法将极小型指标极大型化（见表 5.3），使得所有的二级属性指标具有一致性，均为越大越好。这样使得通过二级属性指标集结得到的一级属性指标 Ec. I.、En. I、Re. I.、So. I. 和 Te. I，通过一级属性指标集结得到的系统 P. I. 值也均是越大愈好。

　　除了不一致外，二级属性指标之间还具有量纲上的差异，这种差异的存在会使得各项属性指标之间不具有可比性，使得 WaSPaM 模型的输出不合理，为了排除这种由于各项属性指标的单位不同以及数值数量级间的悬殊差异所带来的影响，避免不合理的输出结果，WaSPaM 模型对一致化后的属性指标采用"标准化"处理法（见表 5.3）将其无量纲化，将各项二级属性指标的均值和均方差分别转化为 0 和 1，消除了二级属性指标之间的量纲差异。

二级属性指标的预处理方法　　　　表 5.3

编号(i)	属性	原始定义(x_i)	一致化后定义(x'_i)	无量纲化后定义(x''_i)
1	ACI	x_1	$x'_1 = \dfrac{1}{x_1}$	$x''_1 = \dfrac{x'_{1j} - \overline{x'_1}}{s_1}$
2	CODI	x_2	$x'_2 = \dfrac{1}{x_2}$	$x''_2 = \dfrac{x'_{2j} - \overline{x'_2}}{s_2}$
3	TNI	x_3	$x'_3 = \dfrac{1}{x_3}$	$x''_3 = \dfrac{x'_{3j} - \overline{x'_3}}{s_3}$
4	TPI	x_4	$x'_4 = \dfrac{1}{x_4}$	$x''_4 = \dfrac{x'_{4j} - \overline{x'_4}}{s_4}$
5	WI	x_5	$x'_5 = x_5$	$x''_5 = \dfrac{x'_{5j} - \overline{x'_5}}{s_5}$
6	NI	x_6	$x'_6 = x_6$	$x''_6 = \dfrac{x'_{6j} - \overline{x'_6}}{s_6}$
7	PI	x_7	$x'_7 = x_7$	$x''_7 = \dfrac{x'_{7j} - \overline{x'_7}}{s_7}$
8	PaI	x_8	$x'_8 = x_8$	$x''_8 = \dfrac{x'_{8j} - \overline{x'_8}}{s_8}$
9	TI	x_9	$x'_9 = x_9$	$x''_9 = \dfrac{x'_{9j} - \overline{x'_9}}{s_9}$

注：1. j 为待评估方案的代号；
　　2. $\overline{x'_i}$ 为 x'_{ij} 的均值，s_i 为 x'_{ij} 的均方差。

5.2.4　集结算子的确定

集结算子的实质是 MADM 方法的数学模型，它将多个属性指标合成为一个整体性的综合指标。在 WaSPaM 模型中，集结算子将 9 个二级属性指标按照隶属关系集结为 5 个一级属性指标，将 5 个一级属性指标集结为备选系统模式的 P.I. 值。

MADM 方法中通常使用的集结算子包括线性加权算子、乘法加权算子、增益型线性加权算子、理想点算子等[203]。WaSPaM 模型采用了目前使用最为广泛的线性加权算子对属性指标体系中的各项属性指标进行集结，如式（5-2）与式（5-3）所示，其中 w 为各项属性指标对应的权重，其具体的计算方式将在 5.2.5 节中给出。

$$En.\,I. = CODI \cdot w_{CODI} + TNI \cdot w_{TNI} + TPI \cdot w_{TPI}$$
$$Ec.\,I. = ACI \cdot w_{ACI}$$
$$Re.\,I. = WI \cdot w_{WI} + NI \cdot w_{NI} + PI \cdot w_{PI} \tag{5-2}$$
$$So.\,I. = PaI \cdot w_{PaI}$$
$$Te.\,I. = TI \cdot w_{TI}$$

$$P.\,I. = En.\,I. \cdot w_{En.\,I.} + Ec.\,I. \cdot w_{Ec.\,I.} + Re.\,I. \cdot w_{Re.\,I.} + So.\,I. \cdot w_{So.\,I.} + Te.\,I. \cdot w_{Te.\,I.}$$
$$\tag{5-3}$$

5.2.5　属性指标权重的确定

属性指标权重的确定方法通常有两类，一类是基于"功能驱动"原理的主观赋权法，另一类是基于"差异驱动"原理的客观赋权法。主观赋权法的实质是根据决策者主观上对各项指标重要程度的认识来确定其权重，其具体方法包括头脑风暴法、Delphi 法等专家咨询方法；客观赋权法的基本思想认为一个指标的权重系数应当是其在该项指标总体中的变异程度和对其他指标影响程度的度量，赋权的原始信息应当直接来源于客观，属性指标的权重应当从客观的信息中进行整理、计算得到，其具体方法包括优化法、熵值法等[204,205]。

从上述可知，主观赋权法是根据决策者的主观判断来确定各个属性指标在决策中的重要性，进而确定其权重值，这样获得的权重具有解释性，但随意性较大；而客观赋权法是根据方案间的差异来对各属性指标的权重进行赋值，客观性较强，但解释性较差。为了使各属性指标的权重既具有解释性又具有客观性，WaSPaM 模型综合以上两种方法对属性指标体系中各个属性指标的权重进行赋值。

5.2.2 节中构建的 WaSPaM 模型属性指标体系具有递阶层次结构，因此，在属性指标权重确定的过程中，应当从底层开始，先分别以一级属性指标 Ec.I.、En.I.、Re.I.、So.I. 和 Te.I. 为目标，确定二级属性指标的权重；然后再以 P.I. 为目标，确定一级属性指标的权重。本节以确定 CODI、TNI 和 TPI 的权重为例，阐述 WaSPaM 模型属性指标权重的确定方法。

（1）确定主观权重

首先，利用专家咨询、问卷调查等方法确定属性指标 CODI、TNI 和 TPI 的主观权重 $w_{CODI'}$，$w_{TNI'}$ 和 $w_{TPI'}$。主观权重反映了决策者对三个属性指标在城市水环境系统环境性能方面影响的重要性的主观认识。从数学表达上来看，$w_{CODI'}$，$w_{TNI'}$ 和 $w_{TPI'}$ 必须满足式（5-4）的约束。

$$w_{CODI'} + w_{TNI'} + w_{TPI'} = 1$$
$$w_{CODI'}, \ w_{TNI'}, \ w_{TPI'} > 0 \qquad (5-4)$$

考虑到不同决策者的决策偏好，统计所有关于 CODI、TNI 和 TPI 主观权重咨询或调查的结果，可以得到 $w_{CODI'}$，$w_{TNI'}$ 和 $w_{TPI'}$ 的概率分布。

（2）变换属性指标

利用确定的主观权重，对属性指标 CODI、TNI 和 TPI 进行变换，即利用主观权重对属性指标进行加权，如式（5-5）所示。

$$CODI^* = CODI \cdot w_{CODI'}$$
$$TNI^* = TNI \cdot w_{TNI'} \qquad (5-5)$$
$$TPI^* = TPI \cdot w_{TPI'}$$

在具体的变换过程中，首先，按照 CODI、TNI 和 TPI 的概率分布对 CODI、TNI 和 TPI 进行随机采样，按照 $w_{CODI'}$，$w_{TNI'}$ 和 $w_{TPI'}$ 的概率分布以及式（5-4）的约束对 $w_{CODI'}$，$w_{TNI'}$ 和 $w_{TPI'}$ 进行随机采样；然后，将每次采样的结果按照式（5-5）的形式计算得到 $CODI^*$、TNI^* 和 TPI^*；最后，统计所有采样计算得到的 $CODI^*$、TNI^* 和 TPI^* 值，得到 $CODI^*$、TNI^* 和 TPI^* 的概率分布。

（3）确定客观权重

将变换得到的属性指标 $CODI^{*f}$、TNI^* 和 TPI^* 作为新的属性指标，利用客观赋权法的优化法对各项新的属性指标进行赋权。确定 $CODI^*$、TNI^* 和 TPI^* 的权重时，系统的评价目标是 En. I.。根据选择的线性加权集结算子，对于 n 个备选系统该模式来说，有：

$$En.\ I._j = CODI_j^* \cdot w_{CODI^*} + TNI_j^* \cdot w_{TNI^*} + TPI_j^* \cdot w_{TPI^*}, \ j=1,2,\cdots,n \qquad (5-6)$$

其中 w_{CODI^*}，w_{TNI^*} 和 w_{TPI^*} 分别为 $CODI^*$、TNI^* 和 TPI^* 的权重，即为需要确定的客观权重。式（5-6）也可以写成如下矩阵的形式：

$$y = Aw$$

$$y = \begin{bmatrix} En.\ I._1 \\ En.\ I._2 \\ \vdots \\ En.\ I._n \end{bmatrix}, A = \begin{bmatrix} CODI_1^* & TNI_1^* & TPI_1^* \\ CODI_2^* & TNI_2^* & TPI_2^* \\ \vdots & \vdots & \vdots \\ CODI_n^* & TNI_n^* & TPI_n^* \end{bmatrix}, w = (w_{CODI^*}, w_{TNI^*}, w_{TPI^*})^T \qquad (5-7)$$

从几何的角度来看，n 个备选系统模式可以看成由 $CODI^*$、TNI^* 和 TPI^* 三个属性指标构成的三维空间中的 n 个点，n 个备选系统模式利用集结算子得到的 En. I. 就相当于把这 n 个点向某一维空间做投影。优化法赋权的思想就是要根据 $CODI^*$、TNI^* 和 TPI^* 构成的三维属性空间构造一个最佳的一维空间，使得 n 个点在该空间上的投影点分散程度最大，即选取恰当的权重使得 n 个备选系统模式的差异尽量拉大。用数学语言表述，即让 n 个备选系统模式的 En. I. 值组成的样本方差尽可能大，即式（5-8）尽可能大。

$$s^2 = \frac{1}{n} \sum_{j=1}^{n} (En.\ I._j - \overline{En.\ I.})^2 = \frac{y^T y}{n} - \overline{En.\ I.}^2 \qquad (5-8)$$

将式（5-7）$y=Aw$ 带入式（5-8）。由于各项属性指标都经过了一致化和无量纲化的预处理，所以 $CODI_j$、TNI_j 和 TPI_j 以及 $CODI^*$、TNI^* 和 TPI^* 的均值都为 0，因此，$\overline{En.\ I.} = 0$，于是式（5-8）又可写为：

$$ns^2 = w^{\mathrm{T}} A^{\mathrm{T}} A w = w^{\mathrm{T}} H w \qquad\qquad (5\text{-}9)$$

因此，利用优化法所求的 $CODI^*$、TNI^* 和 TPI^* 的权重应当是使式（5-9）中 $w^{\mathrm{T}} H w$ 最大化时的向量 w。

显然，如果对 w 不加限制，式（5-9）中的 $w^{\mathrm{T}} H w$ 可以取任意大的值，因此，在优化法中通常要求 w 为单位向量，即 $w^{\mathrm{T}} w = 1$。根据线性代数的知识可知，在上述对 w 的约束下，要使 $w^{\mathrm{T}} H w$ 尽可能的大，w 应当为 H 的最大特征值所对应的特征向量。又由于要求 $w_{CODI^*} + w_{TNI^*} + w_{TPI^*} = 1$，因此，将 H 的最大特征值所对应的特征向量进行归一化后即为权重向量 w 的取值。此方法确定的权重向量 w 不再体现各属性指标的相对重要性，而是从整体上体现备选系统模式差异的投影因子，因此允许其出现负值。

从上述客观权重确定的过程和属性指标 $CODI^*$、TNI^* 和 TPI^* 的定义可知，客观权重 w_{CODI^*}，w_{TNI^*} 和 w_{TPI^*} 是属性指标 $CODI$、TNI 和 TPI 以及主观权重 $w_{CODI'}$，$w_{TNI'}$ 和 $w_{TPI'}$ 的函数，记作：

$$
\begin{aligned}
w_{CODI^*} &= f_1(CODI, TNI, TPI, w_{CODI'}, w_{TNI'}, w_{TPI'}) \\
w_{TNI^*} &= f_2(CODI, TNI, TPI, w_{CODI'}, w_{TNI'}, w_{TPI'}) \\
w_{TPI^*} &= f_3(CODI, TNI, TPI, w_{CODI'}, w_{TNI'}, w_{TPI'})
\end{aligned}
\qquad (5\text{-}10)
$$

因此，在对客观属性 w_{CODI^*}，w_{TNI^*} 和 w_{TPI^*} 计算的过程中，应当首先对 $CODI$、TNI、TPI、$w_{CODI'}$，$w_{TNI'}$ 和 $w_{TPI'}$ 按照各自的概率分布和式（5-4）的约束进行随机采样，然后利用 f_1、f_2 和 f_3 对每次的采样的进行计算，得到一组 w_{CODI^*}，w_{TNI^*} 和 w_{TPI^*} 的值，最后统计所有 w_{CODI^*}，w_{TNI^*} 和 w_{TPI^*} 的计算结构，即可得到 w_{CODI^*}，w_{TNI^*} 和 w_{TPI^*} 的概率分布。

（4）权重的确定

根据 5.2.4 节中定义的属性指标权重，$CODI$、TNI 和 TPI 的权重 w_{CODI}，w_{TNI} 和 w_{TPI} 分别为，

$$
\begin{aligned}
w_{CODI} &= w_{CODI'} \cdot f_1(CODI, TNI, TPI, w_{CODI'}, w_{TNI'}, w_{TPI'}) \\
w_{TNI} &= w_{TNI'} \cdot f_2(CODI, TNI, TPI, w_{CODI'}, w_{TNI'}, w_{TPI'}) \\
w_{TPI} &= w_{TPI'} \cdot f_3(CODI, TNI, TPI, w_{CODI'}, w_{TNI'}, w_{TPI'})
\end{aligned}
\qquad (5\text{-}11)
$$

同样利用上述随机采样的方法，按照 $CODI$、TNI、TPI、$w_{CODI'}$，$w_{TNI'}$ 和 $w_{TPI'}$ 各自的概率分布和式（5-4）的约束进行采样，计算统计得到 w_{CODI}，w_{TNI} 和 w_{TPI} 的概率分布。

重复上述过程，利用同样的方法既可以确定其他二级属性指标和 5 个一级属性指标权重的概率分布。上述属性指标赋权的过程既体现了各项属性指标重要程度的不同，又清晰地表征了评价方案间的差异。此外，论文还考虑不同决策者的决策偏好，给出了属性指标权重的概率分布，使得 WaSPaM 模型的可用性和可靠性得到提高。

5.2.6　属性指标的集结

根据式（5-2）与式（5-3）给出的 WaSPaM 模型属性指标集结的方法以及上述指标权重的计算方法，WaSPaM 模型定义的表征系统模式可持续性的 P.I. 指数可由式（5-12）表示。

$$
\begin{aligned}
P.I. = En.I. \cdot w_{En.I.'} \cdot F_1(&En.I., Ec.I., Re.I., So.I., Te.I., \\
&w_{En.I.'}, w_{Ec.I.'}, w_{Re.I.'}, w_{So.I.'}, w_{Te.I.'})
\end{aligned}
$$

$$+Ec.I. \cdot w_{Ec.I.}' \cdot F_2(En.I.,Ec.I.,Re.I.,So.I.,Te.I.,$$
$$w_{En.I.}',w_{Ec.I.}',w_{Re.I.}',w_{So.I.}',w_{Te.I.}')$$
$$+Re.I. \cdot w_{Re.I.}' \cdot F_3(En.I.,Ec.I.,Re.I.,So.I.,Te.I.,$$
$$w_{En.I.}',w_{Ec.I.}',w_{Re.I.}',w_{So.I.}',w_{Te.I.}')$$
$$+So.I. \cdot w_{So.I.}' \cdot F_4(En.I.,Ec.I.,Re.I.,So.I.,Te.I.,$$
$$w_{En.I.}',w_{Ec.I.}',w_{Re.I.}',w_{So.I.}',w_{Te.I.}')$$
$$+Te.I. \cdot w_{Te.I.}' \cdot F_5(En.I.,Ec.I.,Re.I.,So.I.,Te.I.,$$
$$w_{En.I.}',w_{Ec.I.}',w_{Re.I.}',w_{So.I.}',w_{Te.I.}')$$

其中：

$$En.I. = CODI \cdot w_{CODI'} \cdot f_1(CODI,TNI,TPI,w_{CODI'},w_{TNI'},w_{TPI'}) \quad (5\text{-}12)$$
$$+TNI \cdot w_{TNI'} \cdot f_2(CODI,TNI,TPI,w_{CODI'},w_{TNI'},w_{TPI'})$$
$$+TPI \cdot w_{TPI'} \cdot f_3(CODI,TNI,TPI,w_{CODI'},w_{TNI'},w_{TPI'})$$
$$Ec.I. = ACI$$
$$Re.I. = WI \cdot w_{WI'} \cdot f_4(WI,NI,PI,w_{WI'},w_{NI'},w_{PI'})$$
$$+NI \cdot w_{NI'} \cdot f_5(WI,NI,PI,w_{WI'},w_{NI'},w_{PI'})$$
$$+PI \cdot w_{PI'} \cdot f_6(WI,NI,PI,w_{WI'},w_{NI'},w_{PI'})$$
$$So.I. = PaI$$
$$Te.I. = TI$$

根据 P.I. 的数学表达式可知，在对备选系统模式 P.I. 指数进行计算时，需要对 WaSPaM 模型属性指标体系中的 9 个二级属性指标按照其各自的概率分布进行随机采样，对二级属性指标中 CODI、TNI、TPI、WI、NI 和 PI 以及一级属性指标的主观权重 $w_{CODI'}$、$w_{TNI'}$、$w_{TPI'}$、$w_{WI'}$、$w_{NI'}$、$w_{PI'}$、$w_{En.I.}'$、$w_{Ec.I.}'$、$w_{Re.I.}'$、$w_{So.I.}'$ 及 $w_{Te.I.}'$ 按照其各自的概率分布和 $w_{CODI'}+w_{TNI'}+w_{TPI'}=1$，$w_{WI'}+w_{NI'}+w_{PI'}=1$，$w_{En.I.}'+w_{Ec.I.}'+w_{Re.I.}'+w_{So.I.}'+w_{Te.I.}'=1$ 的约束进行随机采样，根据采样的结果与式（5-12）计算各种模式系统 P.I. 指数的概率分布，以便比较不同系统模式之间的可持续性差异。

综上可见，WaSPaM 模型利用对属性指标的随机采样，刻画了规划的不确定性对备选模式系统 P.I. 指数，即可持续性的影响；利用对属性指标主观权重的随机采样，刻画了决策者决策偏好对备选模式系统 P.I. 指数，即可持续性的影响。WaSPaM 模型的这种将 MADM 和不确定性分析相结合的城市水环境系统模式筛选方法在完成可持续性城市水环境系统概念层次规划主要内容的同时，还增强了筛选结果的可靠性，大幅度地提高了模型自身的可用性。

5.3 城市水环境系统布局规划模型（WaSLaM）

5.3.1 模型的基本框架

WaSLaM 模型是一个通过计算生成可持续性城市水环境系统空间布局方案的多目标空间优化模型。模型以系统方案的可持续性为目标，在规划区域物理、化学和空间条件约束下，通过数学计算的方式，对 WaSPaM 模型推荐的规划区域水环境系统模式进行空间布局，确定系统内处理设施的个数、位置、能力、所选用的技术以及服务范围，完成系统布局层次规划，为规划区域推荐具有可持续性的城市水环境系统布局规划方案。图 5.4 是 WaSLaM 模型的基本框架，整个模型可以分为基础数据与模型假设、模型输入、模型主体、模型算法和模型输出五部分。

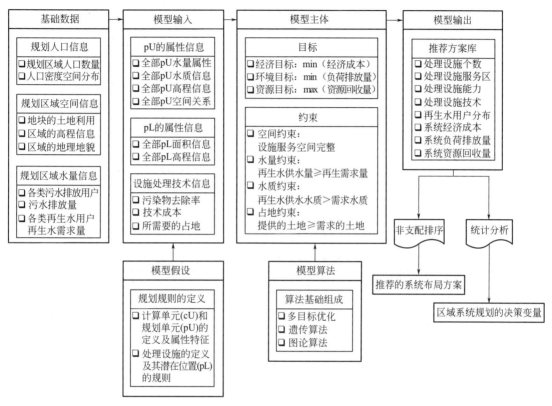

图 5.4　WaSLaM 模型的基本框架

基础数据和模型假设是整个模型构建和应用的基础。基础数据是指规划区域与城市水环境系统相关的信息，包括规划区域的人口信息、空间信息以及相关水量信息，这些信息可以从规划过程中的信息预测阶段获得。模型假设则是通过制定一系列的规则，在最大程度保证城市水环境系统规划过程真实性的基础上，合理地约束或简化系统的规划过程，使其能够概化成具有可操作性的模型。

WaSLaM 模型的输入大致可以分为三类，一类是根据模型假设得到的，规划区域内所有规划操作最小单元的特征信息，包括各个规划操作最小单元的水量属性、水质属性、地理属性以及各个单元之间的空间关系；第二类是基于基础数据和模型假设筛选出来的系统处理设施潜在位置的信息，既可以用于建设系统处理设施的地块及地块的位置、面积、地势等属性；最后一类是系统内各处理设施可能采用的处理技术的相关信息，包括处理技术对污染物的去除能力、技术的成本、技术所需的占地等。

WaSLaM 模型的核心是模型的主体和模型的算法。模型的主体是可持续性城市水环境系统布局层次规划科学问题本质——多目标空间优化的数学表达，它在布局层次规划主要任务和模型假设的基础上，数学化了可持续性城市水环境系统布局规划的目标和约束，给出了其各自相应的函数形式。模型的算法是基于模型主体开发的，能够在合理的时间内对 WaSLaM 模型进行求解，即合理地在空间上生成可持续性城市水环境系统布局规划方案的方法。考虑到布局层次规划多目标、多约束、具有空间性的特点，本研究采用多目标优化、遗传算法和图论算法集成构建了 WaSLaM 模型的求解方法。

模型的输出是通过 WaSLaM 模型主体计算得到的，符合规划过程中物理、化学和空间约束的可持续性城市水环境系统布局规划推荐方案库。根据规划区域的要求以及当地决策者的决策偏好，将方案库中的所有方案按要求进行非支配排序，WaSLaM 模型的输出就能为规划区域的布局层次规划推荐具有可持续性优势的系统空间布局方案。此外，统计分析方案库中的方案信息，WaSLaM 模型的输出还能够用于确定规划区域水环境系统规划的决策变量。

5.3.2 模型的假设

5.3.2.1 系统用户的定义及相关信息

WaSLaM 模型在构建的过程中定义了规划区域在城市用地规划中的地块（Block，B）作为城市水环境系统的用户（User，U）。地块的土地利用类型对应系统的用户类别，其对应关系如表 5.4 所示。系统用户 U 的规模、空间分布和高程信息 HU 分别由地块的面积、位置和地势来表征。

土地利用类型与城市水环境系统用户类型的对应关系　　　　表 5.4

土地利用类型	城市水环境系统的用户类型
居住用地	居民家庭用户
行政办公用地	公共行业用户
文化娱乐用地	
体育用地	
医疗卫生用地	
教育科研设计用地	
商业服务设施用地	
其他公共设施	
公共绿地	绿地用户
生产防护绿地	
工业用地	工业用户
道路用地	道路用户
广场用地	
停车场	
水体	环境用户
其他类型用地	无

基于信息预测确定的规划区域内不同类型系统用户的相关水量特征——污水排放量及其季节变化规律、分质污水排放量及其季节变化规律和再生水需求量及其季节变化规律，根据由地块面积确定的用户规模，可以计算得到规划区域内每个系统用户 U 的水量信息，包括污水的年排放量 wwU_i 及月排放量 wwU_{it}；灰水的年排放量 gwU_i 及月排放量 gwU_{it}；黄水的年排放量 ywU_i 及月排放量 ywU_{it}；褐水的年排放量 bwU_i 及月排放量 bwU_{it}；再生

水的年需求量 rU_i 及月需求量 rU_{it}。其中，$i=1\sim NU$，NU 为规划区域内系统用户即地块的个数，$t=1，2\cdots12$ 个月。

此外，根据用户的类型，规划区域内每个系统用户 U 的相关水质信息也可以得到确定，包括污水排放水质 wqU_i；灰水排放水质 gqU_i；黄水排放水质 yqU_i；褐水排放水质 bqU_i 以及再生水需求水质 rqU_i。

5.3.2.2　系统规划单元的定义

为了使模型应用范围更广，布局规划效率更高，WaSLaM 模型定义了城市水环境系统规划单元（Planning Unit，pU）这一概念。规划单元 pU 是水环境系统规划过程中最小的规划操作空间单元，它将规划区域内的系统用户 U 在空间上进行了不重叠的全划分。每一个规划单元 pU 可以由一个系统用户 U 组成，也可以由在空间上相互连接的几个系统用户 U 组成，但对于每一个系统用户 U 来说，只能属于一个规划单元 pU。除此之外，规划单元 pU 还具有以下的特征。

（1）规划单元 pU 不具有用户类型。

根据定义可知，pU 可以由多个具有一定空间关系约束的系统用户 U 组合而成，因此规划单元 pU 不具有用户类型，它只是多个系统用户 U 组成的集合。

（2）规划单元 pU 内部不具有空间性。

规划单元 pU 是系统规划过程中最小的操作单元，因此在系统规划的过程中，每一个规划单元 pU 被看作是一个整体，内部不再具有空间结构。

（3）规划单元 pU 具有排水及再生水使用的统一性。

由于规划单元 pU 在规划的过程中被看作是一个整体，因此在 WaSLaM 模型中假设每个规划单元 pU 内的所有系统用户 U 都将各自产生的污水排放进入同一个污水处理厂，并且同时使用或者不使用来自同一个再生水厂的再生水。

（4）规划单元 pU 的属性信息不具有机理性。

属性信息在这里主要是指水量信息、水质信息和高程信息。每一个规划单元 pU 是由一个或多个系统用户 U 组合而成的，因此，规划单元 pU 的属性信息是由组成该单元的所有系统用户 U 的属性信息按照一定的方式集结而成，不具有机理性。

表 5.5 对 WaSLaM 模型所定义的系统用户 U 和规划单元 pU 进行了比较，从中可以看出，系统用户 U 更接近于城市水环境系统的真实用户，它是系统规划过程中对相关信息进行空间解析的最小单元，每个系统用户 U 的属性信息都具有一定的机理性。规划单元 pU 则是对规划区域内系统用户 U 在空间上的一种不重叠全划分，它是系统规划过程中操作的最小单元，每个规划单元 pU 的属性信息是由组成其的所有系统用户 U 的相关属性集结而成的，不具有机理性。

WaSLaM 模型中 U 与 pU 的比较　　　　　　　　　　　　　表 5.5

相关性质	U	pU
空间规模	地块	一个或多个地块
所具有的用户信息	具有唯一的用户类型	具有一种或多种用户类型
属性信息	具有机理性	一定方式叠加得到
功能	规划信息空间解析的最小单元	规划操作的最小单元

事实上，系统用户 U 是特殊的规划单元 pU，即每一个规划单元 pU 只包括一个系统用户 U。之所以要在 WaSLaM 模型中定义规划单元 pU，主要是因为：首先，在进行城市水环境系统规划时，为了便于水环境系统的管理，有时会对系统用户 U 提出系统使用的空间限制，要求具有一定规模的、空间邻接的多个系统用户 U 必须向同一个污水处理厂排放污水，同时使用或者不使用来自同一个再生水厂的再生水，在这种情景下，使用 pU 进行系统规划要更加可行且方便；其次，对于一定的规划区域来说，系统用户 U 的数量可能会非常多，这将影响模型计算和系统布局的效率，而 pU 的引入则可以在符合布局层次规划精度要求的前提下，减少规划过程中空间操作单元的个数，提高规划效率。

5.3.2.3 系统内设施布局的假设

城市水环境系统的模式不同，系统内所具有的设施也不相同，例如，对于回用模式的系统来说，系统内的设施包括污水处理厂、再生水处理厂以及再生水季节调节设施；对于源分离模式的系统来说，系统内的设施则包括灰水、黄水和褐水处理系统以及灰水回用季节调节设施。在 WaSLaM 模型构建的过程中，考虑到城市水环境系统管理的方便性，模型对系统内设施的布局进行了如下的假设：

（1）同一个系统中的各类设施布局在规划区域内的同一个空间位置上，例如，对于回用模式的系统来说，在规划区域的同一个空间位置上建设污水处理厂、再生水处理厂以及再生水季节调节设施。

（2）系统中再生水的使用范围不能超过相应的污水处理厂或灰水处理设施的服务范围，例如，源分离模式系统中灰水回用的范围不能超过相应的灰水处理设施灰水收集的范围。

基于上述关于系统内设施布局的假设，WaSLaM 模型定义，建设在规划区域同一空间位置上的所有系统设施统称为系统的处理设施，并且每一个系统处理设施的再生水供给范围不超过该设施污水或灰水处理的空间范围。对于回用模式的系统来说，系统的处理设施是指建设在同一空间位置上的污水处理厂、再生水处理厂和再生水季节调节设施的总称；对于源分离模式的系统来说，系统的处理设施是指建设在同一空间位置上的灰水处理系统、黄水处理系统、褐水处理系统以及灰水回用季节调节设施的总称。由此可见，确定规划区域内系统处理设施的个数和位置是城市水环境系统布局层次规划的核心任务之一。

要确定规划区域内系统处理设施的个数和位置，首先要确定规划区域内能够建设系统处理设施的地块，即系统处理设施的潜在位置（Potential Location，pL）。根据现有《城市排水工程规划规范》GB 50318—2000 中规定的污水处理厂选址的要求，综合考虑系统处理设施环境影响、事故排放、工程建设等因素，WaSLaM 模型提出了以下确定系统处理设施潜在位置 pL 的规则：

（1）考虑到污水处理技术的进步，特别是近些年来湿地等生态处理技术的兴起，本研究假设系统处理设施潜在位置 pL 所在地块的用地类型可以是卫生设施用地或者集中绿地。

（2）考虑到系统处理设施尾水的排放以及可能的事故性排放，本研究假设系统处理设施潜在位置 pL 所在的规划单元 pU 中必须具有城市水体。

（3）考虑到处理系统的环境影响以及公众的可接受性，本研究假设系统处理设施潜在位置 pL 所在位置 300m 范围内不能有居民区和公共建筑。

（4）考虑到系统处理设施的建设可行性，本研究假设系统处理设施潜在位置 pL 的坡度小于 1‰。

利用上述规则，对规划区域内的全部地块进行筛选，同时符合上述所有规则的地块均可作为系统处理设施的潜在位置 pL。

5.3.3　模型的输入

WaSLaM 模型的输入分为三类，分别为描述规划区域内各个规划单元 pU 属性的规划单元数据；表征系统处理设施潜在位置 pL 属性信息的潜在设施数据以及反映系统处理设施备选技术特征的技术性能数据。

5.3.3.1　规划单元数据

规划单元数据是用于描述规划区域内各个规划单元基本属性信息的数据，它包括各个规划单元的水量信息、水质信息、高程信息以及规划单元之间的空间关系四个方面。

（1）水量信息

规划单元 pU 的水量信息包括规划单元 pU 的污水年排放量 $wwpU_j$，灰水年排放量 $gwpU_j$，黄水年排放量 $ywpU_j$，褐水年排放量 $bwpU_j$，再生水年需求量 rpU_j 以及表征上述水量季节变化特征的月排放量 $wwpU_{jt}$，$gwpU_{jt}$，$ywpU_{jt}$，$bwpU_{jt}$ 和 rpU_{jt}。其中，$j=1\sim NpU$，NpU 为规划区域内系统规划单元 pU 的个数；$t=1$，2…12 个月。

根据 5.3.2.2 节中对规划单元 pU 的定义可知，规划单元 pU 的水量信息是由组成它的所有系统用户 U 的水量信息叠加得到的，如式（5-13）所示。其中，$j=1\sim NpU$，$t=1$，2…12 个月。

$$
\begin{aligned}
wwpU_j &= \sum_{i=1\sim NU,\ U_i\in pU_j} wwU_i, & wwpU_{jt} &= \sum_{i=1\sim NU,\ U_i\in pU_j} wwU_{it} \\
gwpU_j &= \sum_{i=1\sim NU,\ U_i\in pU_j} gwU_i, & gwpU_{jt} &= \sum_{i=1\sim NU,\ U_i\in pU_j} gwU_{it} \\
ywpU_j &= \sum_{i=1\sim NU,\ U_i\in pU_j} ywU_i, & ywpU_{jt} &= \sum_{i=1\sim NU,\ U_i\in pU_j} ywU_{it} \\
bwpU_j &= \sum_{i=1\sim NU,\ U_i\in pU_j} bwU_i, & bwpU_{jt} &= \sum_{i=1\sim NU,\ U_i\in pU_j} bwU_{it} \\
rpU_j &= \sum_{i=1\sim NU,\ U_i\in pU_j} rU_i, & rpU_{jt} &= \sum_{i=1\sim NU,\ U_i\in pU_j} rU_{it}
\end{aligned}
\tag{5-13}
$$

（2）水质信息

规划单元 pU 的水质信息包括：规划单元 pU 的污水排放水质 $wqpU_j$，灰水排放水质 $gqpU_j$，黄水排放水质 $yqpU_j$，褐水排放水质 $bqpU_j$ 以及再生水需求水质 $rqpU_j$。其中，$j=1\sim NpU$。

与水量信息类似，规划单元 pU 的水质信息也是由组成它的所有系统用户 U 的水质信息集结而成，但是集结的方式与水量信息的不同。考虑到水环境系统不同用户混合排水的特征，规划单元 pU 污水、灰水、黄水和褐水的排放水质采用系统用户相应水质排水量加权平均的方式进行集结。此外，为了满足规划单元 pU 内所有系统用户 U 的再生水水质需求，规划单元 pU 再生水需求的水质则采用系统用户再生水水质需求取小的方式进行集结，如式（5-14）所示。

$$
wqpU_j = \frac{\displaystyle\sum_{i=1\sim NU,\ U_i\in pU_j} wwU_i \cdot wqU_i}{\displaystyle\sum_{i=1\sim NU,\ U_i\in pU_j} wwU_i}
$$

$$gqpU_j = \frac{\sum\limits_{i=1\sim NU,\ U_i \in pU_j} gwU_i \cdot gqU_i}{\sum\limits_{i=1\sim NU,\ U_i \in pU_j} gwU_i}$$

$$yqpU_j = \frac{\sum\limits_{i=1\sim NU,\ U_i \in pU_j} ywU_i \cdot yqU_i}{\sum\limits_{i=1\sim NU,\ U_i \in pU_j} ywU_i} \tag{5-14}$$

$$bqpU_j = \frac{\sum\limits_{i=1\sim NU,\ U_i \in pU_j} bwU_i \cdot bqU_i}{\sum\limits_{i=1\sim NU,\ U_i \in pU_j} bwU_i}$$

$$rqpU_j = min(rqU_i),\ i=1\sim NU,\ U_i \in pU_j$$

（3）高程信息

WaSLaM 模型定义规划单元 pU 的高程信息 HpU_j（$j=1\sim NpU$）等于组成该规划单元的所有系统用户 U 的高程信息 HU 的均值，如（5-15）所示。其中，npU_j 是组成规划单元 pU_j 的系统用户 U 的个数。

$$HpU_j = \frac{\sum\limits_{i=1\sim NU,\ U_i \in pU_j} HU_i}{npU_j} \tag{5-15}$$

（4）空间关系

规划单元 pU 的空间关系是指在 pU 空间拓扑关系的基础上，考虑到规划区域地物的实际情况所定义的 pU 之间的位置关系。

根据规划单元 pU 的定义可知，规划区域内同一个系统用户 U 不会同时出现在两个 pU 内，因此，从空间拓扑关系的角度来看，规划区域内的规划单元 pU 之间只存在着相邻或者不相邻两种空间关系。如果规划区域内两个规划单元 pU 具有相邻的空间拓扑关系，那么在不考虑其他因素的情况下，这两个 pU 在系统规划的方案中可以相互连接，即其中任意一个 pU 可以经过另一个 pU 进行污水排放或者再生水输送。但在系统规划的实际过程中，规划区域内地物的存在可能会使得原本具有相邻空间拓扑关系的两个规划单元 pU 之间不能相连，比如两个规划单元 pU 之间具有不能被穿越的铁路、河流等。例如在图 5.5 中，系统的规划区域被划分为 13 个 pU，pU_{11} 与 pU_{12} 和 pU_{13} 之间的实线段代表了区域内规划的一条高速公路，从 pU 的空间拓扑关系来看，pU_{11} 与 pU_{12}，pU_{11} 与 pU_{13} 是相邻的，但考虑到高速公路的特殊性，在实际规划的过程中要求 pU_{11} 与 pU_{12}，pU_{11} 与 pU_{13} 之间不能相互连接。

考虑到模型的可用性，本研究在综合考虑空间拓扑关系和区域地物影响的基础上，建立了用于 WaSLaM 模型的规划单元空间关系，即利用规划区域地物修正后的规划单元空间拓扑关系。利用该空间关系的定义，图 5.5 中 pU_1 与 pU_2、pU_4 和 pU_5 之间具有相邻的空间关系，而 pU_{11} 与 pU_{12}、pU_{11} 与 pU_{13} 之间不具有相邻的空间关系。

在规划单元空间关系定义的基础上，WaSLaM 使用邻接矩阵的方式来数学表达规划区域内各个规划单元之间的空间关系。邻接矩阵 A 是一个 $NpU \times NpU$ 阶的矩阵，对于给定的规划区域来说，如果 pU_i 与 pU_j 具有相邻的空间关系，那么，邻接矩阵 A 中的 a_{ij} 等于 1，反之则 a_{ij} 等于 0。图 5.5 给出了范例地区表示 pU 之间空间关系的邻接矩阵，从中

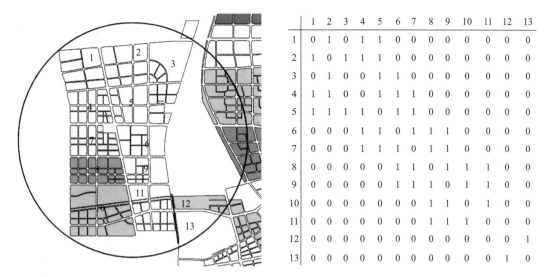

图 5.5 pU 之间空间关系及其邻接矩阵表示的范例

可以看出，邻接矩阵 A 是对角线元素均为 0 的对称阵。在邻接矩阵 A 的基础上，WaSLaM 模型还定义了规划区域中规划单元 pU 的距离矩阵 D，即将邻接矩阵 A 中的元素 1 替换成相应两个 pU 之间的距离，其中 pU 之间的距离定义为两个 pU 重心间的欧氏距离。

通过上述定义得到的规划区域中规划单元的邻接矩阵 A 和距离矩阵 D 将作为规划单元 pU 的空间关系数据为模型 WaSLaM 提供输入。

5.3.3.2 潜在设施数据

潜在设施数据主要指系统处理设施潜在位置 pL 的空间属性信息，包括 pL 的空间位置、pL 能够提供的用于系统处理设施建设的土地面积 ApL 以及 pL 的高程信息 HpL。

根据 5.3.2.3 节中假设的确定系统处理设施潜在位置 pL 的规则，利用 GIS 构建 GIS 空间分析模型，从规划区域内所有的地块中筛选出满足规则要求的、能够建设系统处理设施的潜在位置 pL[206,207]，其具体过程如图 5.6 所示。首先，将规划区域的规划单元 pU 图

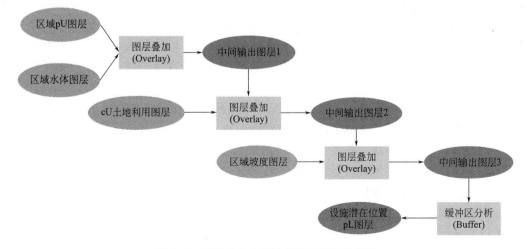

图 5.6 系统潜在处理设施位置筛选的流程

79

层与区域水体图层进行叠加，得到中间输出图层 1，从该图层中可以获取内部具有城市水体的规划单元 pU；其次，将中间输出图层 1 与区域土地利用图层进行叠加，从得到的中间输出图层 2 中可以筛选出内部具有城市水体的规划单元 pU 内土地利用类型是卫生设施用地或者集中绿地的地块；再次，通过中间输出图层 2 与区域坡度图层的叠加，将中间输出图层 2 中的地块进一步进行坡度要求的筛选，以保证最终得到的潜在处理设施位置 pL 的坡度不大于 1‰；最后，对坡度筛选得到的中间输出图层 3 进行缓冲区分析，筛选出空间位置 300m 内没有居民区和公共建筑的地块，这些地块将作为最终确定的系统处理设施潜在位置 pL。

在系统处理设施潜在位置 pL 空间位置确定的基础上，pL 能够提供的用于系统处理设施建设的土地面积 ApL 以及 pL 的高程信息 HpL 可由 pL 所在地块的面积和高程来决定。

5.3.3.3　技术性能数据

技术性能数据是反映水环境系统中各处理设施备选技术特征的数据，包括：备选的处理技术种类，各类技术对污染物的去除能力，各类技术的使用成本以及对占地的需求。之所以要在 WaSLaM 模型中考虑处理技术的性能，主要是因为对于同一区域、同一模式的水环境系统来说，系统内处理设施处理技术的选择将会影响整个系统的可持续性和系统的空间布局。为了量化这种处理技术对水环境系统布局层次规划的影响，WaSLaM 模型在构建的过程中考虑了处理设施所选处理技术之间的差异性。

（1）技术种类

根据不同模式可持续性城市水环境系统可能涉及的处理技术，WaSLaM 模型将处理设施的备选技术分为污水处理技术、灰水处理技术、黄水处理技术和褐水处理技术四类，其中，污水处理技术按照处理的流程被分为用于常规污水处理的一级处理技术和二级处理技术以及用于再生水处理的深度处理技术和污水消毒技术；灰水处理技术同样也按照处理的流程被分为预处理技术、灰水处理主体技术和灰水消毒技术；而对于黄水处理技术和褐水处理技术来说，由于缺乏相关的技术信息，因此在 WaSLaM 模型构建的过程中，暂不对其按照处理流程进行分类。

上述对处理技术的分类使得 WaSLaM 模型能够用于不同模式水环境系统的空间布局，例如在对回用模式系统进行空间布局时，可以从上述的污水处理技术类别中按照污水处理流程为处理设施依次选择一级、二级、深度和消毒处理技术，来量化处理技术对系统布局规划的影响；而对源分离模式的系统进行空间布局时，则可以从灰水处理技术类别、黄水处理技术类别和褐水处理技术类别中分别按照灰水、黄水和褐水的处理流程为处理设施进行技术选择。

根据上述处理技术的分类，本研究在 WaSLaM 模型构建的过程中为各类处理技术选择了一些具体的技术选项，构成了用于可持续性城市水环境系统布局层次规划的备选处理技术库，如表 5.6 所示。这一处理技术库可以随着技术数据的逐步完善不断地进行拓展，使技术库中各种类别的技术具有更多具体的技术选项。

此外，从表 5.6 中还可以看出，污水处理技术类的深度处理技术和消毒技术以及灰水处理技术类的消毒技术在表中均存在"无"这一具体的技术选项，这表明污水的深度处理和消毒以及灰水的消毒并不是系统处理设施所必须使用的处理技术，它们的使用取决于水环境系统的规划目标以及系统用户的需求。

现阶段 WaSLaM 模型中涉及的各类处理技术的具体选项 表 5.6

分类		编号	具体技术	分类		编号	具体技术
污水处理技术类	一级处理	PT₁	格栅	灰水处理技术类	预处理	PT₁	格栅
		PT₂	初沉		主体处理	GT₁	过滤
	二级处理	ST₁	活性污泥			GT₂	微滤膜技术
		ST₂	脱氮活性污泥			GT₃	MBR
		ST₃	湿地			GT₄	BAF
		ST₄	MBR			GT₅	湿地
		ST₅	ST₁＋除磷		消毒	GDT₁	无
		ST₆	ST₂＋除磷			GDT₂	氯消毒
		ST₇	ST₃＋除磷			GDT₃	臭氧消毒
		ST₈	ST₄＋除磷			GDT₄	UV 消毒
	深度处理	AT₁	无	黄水处理技术类		YT	储存
		AT₂	湿地	褐水处理技术类		BT	堆肥
		AT₃	混凝过滤				
		AT₄	微滤膜技术				
	消毒	DT₁	无				
		DT₂	氯消毒				
		DT₃	臭氧消毒				
		DT₄	UV 消毒				

（2）技术的污染物去除能力

考虑到可持续性城市水环境系统回收再利用水资源的能力，WaSLaM 模型在对上述备选处理技术库中各项处理技术常规污染物（COD、TN 和 TP）去除能力进行刻画的同时，还考虑了各项处理技术对微生物污染物 FC（粪大肠杆菌，Fecal Coliform）的去除能力。

污染物的去除是一个同时发生物理反应、化学反应和生物反应的复杂动态过程，这使得处理技术的污染物去除能力与进水浓度、温度等众多因素相关，很难进行定量的表征。因此，现阶段大多数关于污水处理技术评估的研究均采用污染物去除率来表征技术的污染物去除能力[208,209]。本研究也采用同样的方法表征表 5.6 中备选技术库内各项处理技术的污染物去除能力，表 5.7 给出了各项处理技术 COD、TN、TP 和 FC 的去除率，其中，WaSLaM 模型假设黄水和褐水处理的过程不向水环境排放污染物，YT 和 BT 的污染物去除率均为 100%。

WaSLaM 模型中相关处理技术的污染物去除率[35,210,212] 表 5.7

技术编号	污染物去除率			
	COD(%)	TN(%)	TP(%)	FC(Log)
PT₁	1.5	0	0	0
PT₂	25	7.5	8	1/3
ST₁	90	20	17.5	100000①
ST₂	90	30	22.5	2.7

技术编号	污染物去除率			
	COD(%)	TN(%)	TP(%)	FC(Log)
ST_3	92.5	50	80	20[①]
ST_4	82.5	$C_{eff}=0.52 \cdot C_{in}+3.1$[②]	$C_{eff}=0.65 \cdot C_{in}+0.71$[②]	0.6
ST_5	90	20	0.35[③]	100000[①]
ST_6	90	30	0.35[③]	2.7
ST_7	92.5	50	0.35[③]	20[①]
ST_8	82.5	$C_{eff}=0.52 \cdot C_{in}+3.1$[②]	0.35[③]	0.6
AT_1	0	0	0	0
AT_2	52.5	50	80	0.5
AT_3	60	60	60	0.5
AT_4	77.5	10	14	0[①]
DT_1/GDT_1	0	0	0	0
DT_2/GDT_2	0	0	0	3.5
DT_3/GDT_3	0	0	0	2.5
DT_4/GDT_4	0	0	0	3
GT_1	0	0	0	0
GT_2	60	60	60	0.5
GT_3	77.5	10	14	0[①]
GT_4	92.5	50	80	20[①]
GT_5	52.5	50	80	0.5
YT/BT	100	100	100	0[①]

① 数值为出水中 FC 的浓度，单位为 No/100mL；

② C_{in} 为进水浓度，C_{eff} 为处理出水浓度，单位为 mg/L；

③ 数值为出水中 TP 的浓度，单位为 mg/L。

（3）技术的使用成本

处理技术的使用成本是指该项处理技术对应的处理设施的建设成本 CC 和运行维护成本 OMC。与处理技术的污染物去除能力相似，处理技术的使用成本也受到众多因素的影响，包括处理设施的能力、设计的标准、建设的位置、土地的成本、当地的经济状况等。在现有的研究中[208,209]，大多使用表 5.8 给出的经验公式来量化处理技术的成本。

现有研究中处理技术使用成本的经验表达   表 5.8

建设成本 CC	运行维护成本 OMC
$CC=\alpha_1 \cdot Q^{\alpha_2}$	$OMC=\alpha_1 \cdot Q^{\alpha_2}$
$CC=\alpha_1 \cdot Q$	$OMC=\alpha_1 \cdot CC$
$CC=\alpha_1 \cdot Q^{\alpha_2}+\alpha_3 \cdot Q^2+\alpha_4 \cdot Q+\alpha_5$	$OMC=\alpha_1 \cdot Q$
$CC=\alpha_1 \cdot BOD+\alpha_2$	$CC=\alpha_1 \cdot Q^{\alpha_2}+\alpha_3 \cdot Q^2+\alpha_4 \cdot Q+\alpha_5$

注：表中 Q 为经该项处理技术的日处理量；BOD 为技术去除的 BOD 负荷量；α_i 为经验系数。

　　本研究通过基于表 5.8 的相关污水处理技术成本数据的拟合以及相关研究的结果，给出了 WaSLaM 模型备选技术库中各项处理技术使用成本的经验计算公式，如表 5.9 所示。对于黄水处理技术 YT 与褐水处理技术 BT 来说，由于缺乏相关研究的支持，无法给出使用成本的经验计算公式，WaSLaM 模型采用 3.2.2.1 节中源分离模式系统经济成本计算的方法对 YT 和 BT 的使用成本进行计算。

WaSLaM 模型中相关处理技术使用成本的经验公式[35,210,212]　　　　　　　表 5.9

编号	建设成本 CC	运行维护成本 OMC
PT_1	$CC=1103.5\,(Q/24)^{0.5138}$	$OMC=122.9\,(Q/24)^{0.4835}$
PT_2	$CC=1366.7Q^{0.5146}$	$OMC=0.02CC$
ST_1	$CC=428.8Q^{0.7507}$	$OMC=1.92Q$
ST_2	$CC=719.2Q^{0.7205}$	$OMC=0.1CC$
ST_3	$CC=692.6Q^{0.75}$	$OMC=84.8Q^{0.72}$
ST_4	$CC=29.95Q$	$OMC=16.8\,(Q/0.26)^{0.6311}$
ST_5	$CC=428.8Q^{0.7507}+1026.7Q^{0.145}$	$OMC=2.19Q$
ST_6	$CC=719.2Q^{0.7205}+1026.7Q^{0.145}$	$OMC=71.92Q^{0.7205}+0.27Q$
ST_7	$CC=692.6Q^{0.75}+1026.7Q^{0.145}$	$OMC=84.8Q^{0.72}+0.27Q$
ST_8	$CC=29.95Q+1026.7Q^{0.145}$	$OMC=16.8\,(Q/0.26)^{0.6311}+0.27Q$
AT_1	0	0
AT_2	$CC=5.8Q$	$OMC=2.5Q$
AT_3	$CC=528Q(Q/0.26)^{-0.4249}+6\times10^{-6}Q^2+0.37Q+5465$	$OMC=79.2Q(Q/0.26)^{-0.4249}-3\times10^{-7}Q^2+0.15Q+273$
AT_4	$CC=487.5Q^{0.6}$	$OMC=2.92Q$
DT_1/GDT_1	0	0
DT_2/GDT_2	$CC=1530.7\,(Q/24)^{0.6392}$	$OMC=176.7\,(Q/24)^{0.6524}$
DT_3/GDT_3	$CC=1133.6\,(Q/24)^{0.7326}$	$OMC=29.05\,(Q/24)^{0.8916}$
DT_4/GDT_4	$CC=2193.9Q^{0.3368}$	$OMC=6.57Q$
GT_1	$CC=528Q(Q/0.26)^{-0.4249}+6\times10^{-6}Q^2+0.37Q+5465$	$OMC=79.2Q(Q/0.26)^{-0.4249}-3\times10^{-7}Q^2+0.15Q+273$
GT_2	$CC=487.5Q^{0.6}$	$OMC=2.92Q$
GT_3	$CC=592.6Q^{0.74}$	$OMC=64.8Q^{0.73}$
GT_4	$CC=584.6Q^{0.73}$	$OMC=68.8Q^{0.73}$
GT_5	$CC=5.8Q$	$OMC=2.5Q$

　　注：表中建设成本 CC 单位为元，运行成本 OMC 单位为元/年，Q 的单位为 m^3/d。

（4）技术的占地需求

Joksimovic[210] 对 44 种污水处理技术的处理规模与占地需求进行了统计，结果表明，除了个别处理技术的占地需求对处理规模不敏感外，例如化学除磷、臭氧消毒等处理技术，大多数污水处理技术的处理规模与占地需求之间具有非常强的正相关性，而且与处理负荷等其他影响占地需求的因素相比，处理规模对占地需求的影响具有绝对的优势。本研究利用 Joksimovic 的统计结果，确定了 WaSLaM 模型中相关处理技术占地需求的经验公式，如表 5.10 所示。

WaSLaM 模型中相关处理技术占地需求的经验公式[35,210,212]　　　　表 5.10

技术编号	占地需求 Area	技术编号	占地需求 Area
PT_1	$Area=0.0045Q$	AT_4	$Area=9+7\times10^{-4}Q$
PT_2	$Area=0.0119Q$	DT_1/GDT_1	0
ST_1	$Area=0.2Q$	DT_2/GDT_2	$15\sim25$
ST_2	$Area=0.346Q$	DT_3/GDT_3	$50\sim100$
ST_3	$Area=0.06Q$	DT_4/GDT_4	$Area=13+0.02Q$
ST_4	$Area=23.08Q$	GT_1	$Area=0.14Q$
ST_5	$Q<7500,Area=50;Q\geq7500,Area=100$	GT_2	$Area=9+7\times10^{-4}Q$
AT_1	0	GT_3	$Area=0.06Q$
AT_2	$Area=3.85Q$	GT_4	$Area=0.05Q$
AT_3	$Area=0.14Q$	GT_5	$Area=3.85Q$

注：表中占地需求 Area 的单位为 m^2，Q 的单位为 m^3/d。

对于黄水处理技术 YT 与褐水处理技术 BT 来说，目前还没有关于这两项处理技术占地需求的相关研究，也缺乏相应的工程实例数据，因此在 WaSLaM 模型中暂不考虑这两项技术使用时的占地需求。

5.3.4　模型的数学表达

5.3.4.1　问题的描述

根据布局层次规划的核心内容，WaSLaM 模型所要解决的问题是：在规划区域水环境系统模式已经确定的前提下，以系统的可持续性为目标，在满足规划区域相关约束的条件下，将已经确定的系统模式在规划区域内进行空间布局。

其中，系统的可持续性是指系统在具有基本功能的前提下，同时具有良好的经济、环境、资源、技术和社会性能，其具体表现为：能够有效地保障公众的健康安全；能够被支付；能够避免城市环境的恶化；促进城市尽可能少地使用自然资源；在长期内具有可靠性；具有公众可接受性。考虑到上述各项系统性能量化的难易程度，WaSLaM 模型综合使用系统的经济、环境和资源性能来表征系统的可持续性。规划区域的相关约束主要是指水环境系统内各用户的水量水质要求，以及处理设施建设可行性的要求，即满足处理设施的占地需求和服务区完整性的约束。系统的空间布局主要是指确定规划区域内处理设施的个数、位置、规模、所选用的技术以及服务范围即处理设施与用户之间的连接关系。

综上可知，对于一个已经确定水环境系统模式的规划区域来说，WaSLaM 模型所要解决的问题可以具体表述为：在满足区域内各个系统用户水质水量要求，满足各个处理设施建设占地及服务区完整性要求的前提下，如何确定系统内处理设施的个数、位置、规模、所选用的技术以及服务范围，能够使得该区域的水环境系统同时具有良好的经济、环境和资源性能，即使得系统需要尽可能小的成本，产生尽可能少的污染负荷，回收尽可能多的资源。

5.3.4.2　模型的变量

根据模型的假设，在对水环境系统进行规划的过程中，整个规划区域可以被划分为两个集合，一个是由区域内所有系统处理设施潜在位置 pL 所组成的设施集合 Plant，另一个是由区域内所有规划单元 pU 组成的规划单元集合 Unit。WaSLaM 模型变量的功能就是表征这两个集合各自的特征以及两个集合之间的关系，因此，WaSLaM 模型的变量可以分为描述集合 Plant 的变量和描述集合 Unit 的变量两类。

（1）描述集合 Plant 的变量

集合 Plant 中的任意一个元素 pL_k（$k=1\sim NpL$，NpL 为规划区域内处理设施潜在位置 pL 的个数）代表了规划区域内一个可能建设系统处理设施的空间位置，对于规划区域任意一个可能的水环境系统规划方案，都有可能选择在 pL_k 建设或者不建设处理设施。因此，集合 Plant 中的任意一个元素 pL_k 都具有一个 0-1 决策变量 x_k，用于描述 pL_k 在规划方案中是否用于建设系统的处理设施。

系统处理设施的处理技术选择关系到系统污染负荷的排放量以及处理设施建设所需的成本和占地，这些将直接影响到系统的可持续性与建设可行性。因此，WaSLaM 模型基于 5.3.3.3 节中所建立的处理设施备选处理技术库，对 Plant 集合中各元素 pL_k 处理技术的选择进行了描述。

考虑处理技术之间的相关性，目前 WaSLaM 模型中的备选处理技术库（见表 5.6）能够为回用模式系统的布局层次规划提供 1 种一级处理技术 PT_1+PT_2，即格栅和初沉联合使用，8 种二级处理技术 $ST_1\sim ST_8$，4 种深度处理技术 $AT_1\sim AT_4$ 以及 4 种消毒技术 $DT_1\sim DT_4$ 的选择；能够为源分离模式系统的布局层次规划提供 1 种灰水预处理技术 PT_1，5 种灰水主体处理技术 $GT_1\sim GT_5$，4 种灰水消毒技术 $GDT_1\sim GDT_4$，1 种黄水处理技术 YT 和 1 种褐水处理技术 BT 的选择。由此可见，对于任意一个给定的系统模式，集合 Plant 中的任意一个元素 pL_k 都需要一组 0-1 决策变量来对处理技术的使用做出选择。

对于回用模式的系统来说，任意一个 pL_k 需要 16 个 0-1 决策变量：$x ST_{k1}\sim x ST_{k8}$，$x AT_{k1}\sim x AT_{k4}$ 和 $x DT_{k1}\sim x DT_{k4}$ 来分别对备选处理技术库中的 8 种二级处理技术、4 种深度处理技术和 4 种消毒技术进行选择，并且这 16 个变量之间需要满足式（5-16）～式（5-18）的约束。这些约束表明，建在系统处理设施潜在位置 pL_k 的系统处理设施必须且只能选择一种二级处理技术，一种深度处理技术和一种消毒技术。

$$\sum_{m=1}^{8} x ST_{km} = 1 \tag{5-16}$$

$$\sum_{m=1}^{4} x AT_{km} = 1 \tag{5-17}$$

$$\sum_{m=1}^{4} x\mathrm{DT}_{km} = 1 \qquad\qquad (5\text{-}18)$$

与回用模式的系统类似，对于源分离模式的系统来说，任意一个 pL_k 需要 9 个 0-1 决策变量：$x\mathrm{GT}_{k1} \sim x\mathrm{GT}_{k5}$ 和 $x\mathrm{GDT}_{k1} \sim x\mathrm{GDT}_{k4}$ 来分别对备选处理技术库中的 5 种主体处理技术和 4 种消毒技术进行选择，并且这 9 个变量之间需要满足式（5-19）和式（5-20）的约束。

$$\sum_{m=1}^{5} x\mathrm{GT}_{km} = 1 \qquad\qquad (5\text{-}19)$$

$$\sum_{m=1}^{4} x\mathrm{GDT}_{km} = 1 \qquad\qquad (5\text{-}20)$$

综上所述，WaSLaM 模型中对集合 Plant 进行特征描述的变量如表 5.11 所示。所有的变量均为 0-1 决策变量，变量的个数取决于规划区域中系统处理设施潜在位置 pL 的个数 NpL。

WaSLaM 模型中集合 Plant 的描述变量　　　　　　　表 5.11

变量	含　义	个数	备　注
x_k	是否选择 pL_k 建设系统处理设施	NpL	NpL 为集合 Plant 中的元素个数
$x\mathrm{ST}_{km}$ $m=1\sim8$	pL_k 是否选择第 m 种二级处理技术	NpL×8	
$x\mathrm{AT}_{km}$ $m=1\sim4$	pL_k 是否选择第 m 种深度处理技术	NpL×4	回用模式系统
$x\mathrm{DT}_{km}$ $m=1\sim4$	pL_k 是否选择第 m 种消毒技术	NpL×4	
$x\mathrm{GT}_{km}$ $m=1\sim5$	pL_k 是否选择第 m 种灰水处理技术	NpL×5	源分离模式系统
$x\mathrm{GDT}_{km}$ $m=1\sim4$	pL_k 是否选择第 m 种消毒技术	NpL×4	

（2）描述集合 Unit 的变量

描述集合 Unit 的变量可以分为两类，一类是明确集合内各元素，即规划区域内各规划单元与处理设施连接关系的决策变量，另一类是明确集合内各元素是否使用再生水的决策变量。

对于集合 Unit 中的任意一个元素 pU_j（$j=1\sim\mathrm{NpU}$，NpU 为规划区域内规划单元 pU 的个数）来说，都具有一组 0-1 决策变量 y_{jk}（$k=1\sim\mathrm{NpL}$）来描述其与集合 Plant 中每个元素，即规划区域内系统处理设施潜在位置的关联关系。如果 $y_{jk}=1$，表明 pU_j 与 pL_k 相关联，即 pU_j 排放的污水输送至 pL_k 处所建设的系统处理设施进行处理，如果 pU_j 使用再生水，其再生水的来源也是 pL_k 处所建设的系统处理设施。根据模型假设中 pU 的特征可知，任意一个 pU_j 只能与区域内的一个处理设施相关联，因此，决策变量 y_{jk} 需要满足式（5-21）的约束。

$$\sum_{k=1}^{\mathrm{NpL}} y_{jk} \cdot x_k = 1 \qquad\qquad (5\text{-}21)$$

此外，集合 Unit 中的任意一个元素——规划区域的规划单元 pU_j 都可以使用或者不使用再生水，因此，pU_j 还具有一个 0-1 决策变量 yR_j，用于表征 pU_j 是否使用再生水。

综上所述，WaSLaM 模型中对集合 Unit 进行特征描述的变量如表 5.12 所示。与描述集合 Plant 特征的变量相同，表 5.12 中所有的变量均为 0-1 决策变量。变量的个数取决于规划区域内规划单元的个数 NpU 以及系统处理设施潜在位置的个数 NpL。

表 5.12

WaSLaM 模型中集合 Unit 的描述变量

变量	含义	个数	备注
y_{jk}	pU_j 是否与 pL_k 相关联	NpU×NpL	NpU 为集合 Unit 中的元素个数
yR_j	pU_j 是否使用再生水	NpU	

5.3.4.3　目标函数

根据 5.3.4.1 节中对 WaSLaM 模型所解决问题的描述，模型的目标函数如式（5-22）所示。其中，第一个目标函数是指最小化规划区域内水环境系统的寿命期成本 LiC，它表征了系统规划方案的经济性能；第二个目标函数是指最小化规划区域内水环境系统的污染负荷排放当量 Load，它描述了系统的环境性能；第三个目标函数是指最大化规划区域内水环境系统的资源回收能力 Res，它刻画了系统的资源性能。

$$\begin{cases} \min(LiC) \\ \min(Load) \\ \max(Res) \end{cases} \tag{5-22}$$

WaSLaM 模型的三个目标函数使得模型输出的系统布局规划方案具有可持续性城市水环境系统以下的特征：具有经济的可接受性；尽可能地改善城市水环境质量；尽可能多地回收再利用资源。

（1）系统经济性能目标函数

城市水环境系统的寿命期成本 LiC 包括整个系统的建设费用 CC 和系统寿命期内年运行维护费用 OMC 的折旧，如式（5-23）所示，其中 i 为折现率；L 为系统的寿命。

系统的建设费用 CC 和年运行维护费用 OMC 分别由系统各组成单元的建设成本和年运行维护成本加和得到，如式（5-24）所示，其中，PCC、RCC 和 NCC 分别为系统处理设施、调节设施和输送设施的建设成本；POMC、ROMC 和 NOMC 分别为系统处理设施、调节设施和输送设施的年运行维护成本。在本节中，定义系统的处理设施为系统内的污水处理厂，再生水处理厂，灰水、黄水及褐水分质处理系统；系统的调节设施为系统内的再生水季节调节设施；系统的输送设施为系统内的污水管网，再生水管网，灰水、黄水及黄水分质排水收集系统以及管网中的提升设施。

$$LiC = CC + \left[\frac{(1+i)^L - 1}{i\,(1+i)^L} \right] OMC \tag{5-23}$$

$$CC = PCC + RCC + NCC$$

$$OMC = POMC + ROMC + NOMC \tag{5-24}$$

1）系统处理设施的成本

系统处理设施的成本由处理单元成本和辅助单元成本两部分构成。处理单元是指系统处理设施中去除污染物的单元，其成本的大小取决于处理单元处理技术的选择，选择不同的处理技术，处理单元的成本差异会很大。利用表 5.9 中 WaSLaM 模型相关处理技术使用成本的经验公式以及描述集合 Plant 的模型变量，不同模式系统的处理单元成本可以被计算。辅助单元是指系统处理设施中除了处理单元外的其他单元，例如整个处理设施的控制单元，处理单元与单元之间的管道连接等。根据我国住房和城乡建设部制定的《城市污水处理工程项目建设标准》，辅助单元的投资占到整个系统处理设施总成本的50%左右。

综上所述，式（5-25）和式（5-26）分别给出了回用模式系统处理设施的成本以及源分离模式系统处理设施的成本。其中，$CC_{k,T}$ 和 $OMC_{k,T}$ 分别为 pL_k 位置的潜在处理设施采用处理技术 T 时处理单元所需的建设成本和运行维护成本，T 为 WaSLaM 模型备选技术库中各项技术的编号，$CC_{k,T}$ 和 $OMC_{k,T}$ 可以通过表 5.9 中的经验公式计算得到。

$$PCC = 2 \sum_{k=1}^{NpL} \{ x_k \cdot [CC_{k,PT_1} + CC_{k,PT_2} + \sum_{m=1}^{8} (xST_{km} \cdot CC_{k,ST_m}) + \sum_{m=1}^{4} (xAT_{km} \cdot CC_{k,AT_m}) + \sum_{m=1}^{4} (xDT_{km} \cdot CC_{k,DT_m})] \}$$

$$POMC = 2 \sum_{k=1}^{NpL} \{ x_k \cdot [OMC_{k,PT_1} + OMC_{k,PT_2} + \sum_{m=1}^{8} (xST_{km} \cdot OMC_{k,ST_m}) + \sum_{m=1}^{4} (xAT_{km} \cdot OMC_{k,AT_m}) + \sum_{m=1}^{4} (xDT_{km} \cdot OMC_{k,DT_m})] \} \tag{5-25}$$

$$PCC = 2 \sum_{k=1}^{NpL} \{ x_k \cdot [CC_{k,PT_1} + \sum_{m=1}^{5} (xGT_{km} \cdot CC_{k,GT_m}) + \sum_{m=1}^{4} (xDT_{km} \cdot CC_{k,DT_m}) + CC_{k,YT} + CC_{k,BT}] \}$$

$$POMC = 2 \sum_{k=1}^{NpL} \{ x_k \cdot [OMC_{k,PT_1} + \sum_{m=1}^{5} (xGT_{km} \cdot OMC_{k,GT_m}) + \sum_{m=1}^{4} (xDT_{km} \cdot OMC_{k,DT_m}) + OMC_{k,YT} + OMC_{k,BT}] \} \tag{5-26}$$

2）系统调节设施的成本

再生水季节调节设施是可持续性城市水环境系统的重要组成之一，它的空间布局及规模不仅直接影响到城市水环境系统的建设运行成本，还会影响系统回收利用水资源的能力。

单个再生水季节调节设施的建设成本 CC_R 通常按照式（5-27）计算，其中 V 为调节设施的体积，α_1 和 α_2 均为成本计算过程中的经验系数，其大小取决于调节池的建设方式与建设材料，对于地表混凝土结构的调节池来说，α_1 通常取 123.8，α_2 通常取 0.81。再生水季节调节设施的年运行维护成本 OMC_R 通常取建设成本的 0.5%[210]。

$$CC_R = \alpha_1 V^{\alpha_2}$$
$$OMC_R = 0.5\% CC_R \tag{5-27}$$

对于单个再生水调节设施来说，其体积 V 可以利用网络流规划（Network Flow Programming，NFP）的方法进行计算[213]。图 5.7 给出了调节设施体积计算的网络流结构，从图 5.7 中可以看出，在 t 时刻，进入调节设施中的再生水量一部分来自于设施 t-1 时刻

的储存 S_{t-1}，另一部分则来自于 t 时刻处理设施向调节设施的输送 REf_t。同时，调节设施还向其服务范围内的再生水用户进行水量为 RN_t 的供水，并且储存一部分再生水 S_t 留给 $t+1$ 时刻使用。

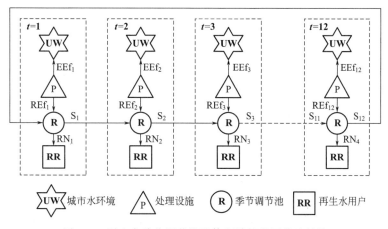

图 5.7　再生水季节调节设施体积计算的网络流结构

WaSLaM 模型在对再生水季节调节设施进行上述网络流结构概化的基础上，对城市水环境系统中再生水季节调节设施还进行了如下的假设：①系统内不同再生水季节调节设施之间不存在水量调度，即不同的调节设施之间没有水量的转移；②为了不浪费资金和土地，调节设施自身不向规划区域的水环境排水，即系统的处理设施将根据规划区域对再生水需求的季节变化动态地向调节设施输水，调节设施不过多地储存再生水；③对于给定的合理规划方案，单个再生水季节调节设施的储存能力必须能够满足其服务范围内所有再生水用户的动态水量需求，否则该方案将被视为不合理方案。

根据上述对再生水季节调节设施进行的网络流结构概化以及 WaSLaM 模型的假设可知，城市水环境系统内任意一个再生水季节调节设施的体积 V_k（$k=1\sim NpL$）实际上等于该调节设施各月份储存水量 S_{kt}（$t=1\sim12$）最大值的最小值。因此，系统内再生水季节调节设施体积计算的网络流规划模型如式（5-28）所示。其中，Ef_{kt} 为 t 时刻位于 pL_k 处的系统处理设施的总出水量，包括该处理设施向再生水调节设施输送的再生水量 REf_{kt} 和向城市水体排放的水量 EEf_{kt} 两部分。

$$V_k = \min(\max(S_{k1}, S_{k2} \cdots S_{kt} \cdots S_{k12}))$$

Subject to

$$0 \leqslant REf_{kt} \leqslant Ef_{kt}, t=1 \cdots 12$$

$$S_{kt} \geqslant 0, t=1 \cdots 12$$

$$REf_{k1} + S_{k12} = S_{k1} + RN_{k1}$$

$$REf_{kt} + S_{k(t-1)} = S_{kt} + RN_{kt}, t=2 \cdots 12$$

$$Ef_{kt} = \sum_{j=1}^{NpU} y_{jk} \cdot x_k \cdot wwpU_{jt}$$

$$RN_{kt} = \sum_{j=1}^{NpU} yR_j \cdot y_{jk} \cdot x_k \cdot rpU_{jt}$$

(5-28)

　　为了便于计算，上述模型又可写为式（5-29）的形式。对式（5-29）中的线性规划进行求解，即可以得到城市水环境系统建设在潜在处理设施位置 pL_k 处的再生水季节调节设施的体积 V_k。

$$V_k = \min(C)$$

Subject to

$$0 \leqslant REf_{kt} \leqslant Ef_{kt}, t = 1 \cdots 12$$

$$C \geqslant S_{kt} \geqslant 0, t = 1 \cdots 12$$

$$REf_{k1} + S_{k12} = S_{k1} + RN_{k1} \tag{5-29}$$

$$REf_{kt} + S_{k(t-1)} = S_{kt} + RN_{kt}, t = 2 \cdots 12$$

$$Ef_{kt} = \sum_{j=1}^{NpU} y_{jk} \cdot x_k \cdot wwpU_{jt}$$

$$RN_{kt} = \sum_{j=1}^{NpU} yR_j \cdot y_{jk} \cdot x_k \cdot rpU_{jt}$$

　　在计算出系统内所有再生水季节调节设施体积的基础上，根据式（5-27）给出的经验公式，既可以计算整个系统调节设施的建设成本 RCC 和年运行维护成本 ROMC，如式（5-30）。

$$RCC = \sum_{k=1}^{NpL} x_k \cdot \alpha_1 \cdot V_k^{\alpha_2} \tag{5-30}$$

$$ROMC = 0.5\% RCC$$

3）系统输送设施的成本

　　系统输送设施的成本包括两部分，一部分是系统中污水管网（指回用模式系统的污水管网，源分离模式系统的分质排水管网）与再生水管网的建设与运行维护成本，另一部分则是管网中污水与再生水提升设施的建设和运行维护成本。

　　在给排水工程中，通常认为污水管道的建设费用模型形式为：$C = \alpha_1 D^{\alpha_2} H^{\alpha_3} L$，其中 D 为管道的管径，H 为管道的埋深，L 为管道长度；再生水管道的建设费用模型与给水管道的相同，形式为：$C = \alpha_1 D^{\alpha_2} L$。但在系统布局层次规划阶段，上述费用模型中涉及的管网中各个管段的管径、长度和埋深都无法获得，因此，WaSLaM 模型在构建的过程中采用了赵玲萍等人[155]根据国内外统计数据拟合回归得到的只涉及管段长度和输水量的经验公式（如式（5-31））对系统管网的建设成本进行计算。对于污水管道，式（5-31）中的 α_1 取 119.04，α_2 取 0.5414；对于再生水管道，α_1 和 α_2 则分别取 98.2 与 0.8049。

$$C = \alpha_1 Q^{\alpha_2} L \tag{5-31}$$

　　在城市水环境系统布局层次规划中，系统内管网的布设还未确定。因此，WaSLaM 模型假设：污水管网和再生水管网采用同样的枝状管网布置方式，并且在计算系统管网建设成本的过程中，不考虑规划区域内规划单元 pU 之间相互输送水量对管网的影响，系统管网建设的成本等于每个 pU 按照空间关系沿最短路径与相应处理设施连接时所需的管道建设成本的总和，即：

$$CC_D = \sum_{j=1}^{NpU} \sum_{k=1}^{NpL} \alpha_1 \cdot wwpU_j^{\alpha_2} L_{jk} y_{jk} x_k \tag{5-32}$$

$$CC_R = \sum_{j=1}^{NpU} \sum_{k=1}^{NpL} \alpha_1 (yR_j \, rpU_j)^{\alpha_2} L_{jk} y_{jk} x_k \tag{5-33}$$

其中，CC_D 为系统污水管网的建设成本，CC_R 为系统再生水管网的建设成本，L_{jk} 为满足规划单元空间关系下，规划单元 pU_j 与系统潜在处理设施 pL_k 所在规划单元间的最短路径长度，其可以利用规划单元的距离矩阵 D 通过图论中的最短路算法——Dijkstra 算法[214]计算得到。

参考 EPA 及 Joksimovic 等人的研究[215-217]，WaSLaM 模型中系统管网的年运行维护费用取为管网建设费用年折旧值的 3%，即：

$$OMC_D = 3\% \, CC_D \cdot \left[\frac{(1+i)^{L_P} - 1}{i\,(1+i)^{L_P}} \right]^{-1} \tag{5-34}$$

$$OMC_R = 3\% \, CC_R \cdot \left[\frac{(1+i)^{L_P} - 1}{i\,(1+i)^{L_P}} \right]^{-1} \tag{5-35}$$

其中，L_P 为系统管网的寿命。

管网中污水和再生水提升设施建设费用的模型形式通常为：$C = \alpha_1 Q^{\alpha_2} H$，其中 Q 为提升的水量，H 为提升的高度，α_1 和 α_2 为经验系数。按照此模型，参考 Heaney 等人[215]的研究，WaSLaM 模型中系统提升设施建设成本计算的经验系数 α_1 和 α_2 分别取为 2171.5 和 0.52；提升设施的年运行维护成本取为建设成本的 5%。

与系统管网建设成本的计算类似，WaSLaM 模型假设系统提升设施的建设成本等于规划区域内每一个规划单元 pU 在不考虑其他 pU 的影响下，按照空间关系沿最短路径与相应处理设施连接时所需要的提升成本的总和，即：

$$CC_{DP} = \sum_{j=1}^{NpU} \sum_{k=1}^{NpL} \alpha_1 \cdot wwpU_j^{\alpha_2} H_{Djk} y_{jk} x_j \tag{5-36}$$

$$OMC_{DP} = CC_{DP} \times 5\%$$

$$CC_{RP} = \sum_{j=1}^{NpU} \sum_{k=1}^{NpL} \alpha_1 \cdot (yR_j \cdot rpU_j)^{\alpha_2} H_{Rjk} y_{jk} x_k \tag{5-37}$$

$$OMC_{RP} = CC_{RP} \times 5\%$$

其中，CC_{DP} 和 OMC_{DP} 分别为系统污水提升设施的建设及年运行维护成本；CC_{RP} 和 OMC_{RP} 分别为系统再生水提升设施的建设及年运行维护成本；H_{Djk} 为污水沿最短路径 L_{jk} 从 pU_j 输送到潜在系统处理设施 pL_k 所在规划单元的过程中需要提升的高度；H_{Rjk} 为再生水沿最短路径 L_{jk} 从处理设施 pL_k 所在规划单元输送到 pU_j 的过程中需要提升的高度，其中包括了 pU_j 所需的再生水水头。

综上所述，城市水环境系统输送设施的成本 NCC 和 NOMC 如式（5-37）所示，分别为系统中污水管网、再生水管网、污水提升设施及再生水提升设施建设和年运行维护成本的加和。

$$NCC = CC_D + CC_R + CC_{DP} + CC_{RP} \tag{5-38}$$

$$NOMC = OMC_D + OMC_R + OMC_{DP} + OMC_{RP}$$

（2）系统环境性能目标函数

WaSLaM 模型通过计算城市水环境系统向城市水体排放的 COD、TN、TP 和 FC 的污染负荷量，定量化地表征了城市水环境系统的环境性能。

城市水环境系统向城市水体排放的污染负荷量等于其所服务区域内各个处理设施排放污染负荷量的总和，即：

$$\text{Load}_m = \sum_{k=1}^{\text{NpL}} \text{Load}_{d,k,m} \tag{5-39}$$

其中，Load_m 是整个系统向城市水体排放污染物 m 的负荷量，在 WaSLaM 模型中，m 为 COD、TN、TP 和 FC；$\text{Load}_{d,k,m}$ 为系统所在的规划区域内 pL_k（$k=1\sim\text{NpL}$）处潜在系统处理设施向城市水体排放污染物 m 的负荷量。

对于规划区域内 pL_k 处的潜在系统处理设施来说，其污染物 m 的负荷排放量 $\text{Load}_{d,k,m}$ 取决于排入该处理设施的污染物 m 的负荷量 $\text{Load}_{\text{in},k,m}$，处理设施所选择的处理技术以及该设施所提供的再生水量。以回用模式系统为例，式（5-40）～式（5-43）给出了 $\text{Load}_{d,k,m}$ 的计算过程：

$$\text{Load}_{\text{in},k,m} = \sum_{j=1}^{\text{NpU}} y_{jk} \cdot x_k \cdot \text{wwpU}_j \cdot \text{wqpU}_{j,m} \tag{5-40}$$

$$\text{Load}_{\text{out},k,m} = \text{Load}_{\text{in},k,m} \cdot (1-\eta_{\text{PT}_1,m})(1-\eta_{\text{PT}_2,m}) \sum_{n=1}^{8} \left[\text{xST}_{kn}(1-\eta_{\text{ST}_n,m}) \right] \cdot$$
$$\sum_{n=1}^{4} \left[\text{xAT}_{kn}(1-\eta_{\text{AT}_n,m}) \right] \cdot \sum_{n=1}^{4} \left[\text{xDT}_{kn}(1-\eta_{\text{DT}_n,m}) \right] \tag{5-41}$$

$$\text{rr}_k = \frac{\sum_{j=1}^{\text{NpU}} y_{jk} \cdot x_k \cdot \text{rpU}_j \cdot \text{yR}_j}{\sum_{j=1}^{\text{NpU}} y_{jk} \cdot x_k \cdot \text{wwpU}_j} \tag{5-42}$$

$$\text{Load}_{d,k,m} = \text{Load}_{\text{out},k,m} \cdot (1-\text{rr}_k) \tag{5-43}$$

其中，$\text{Load}_{\text{out},k,m}$ 为规划区域内 pL_k 处潜在系统处理设施出水中污染物 m 的负荷量；$\eta_{\text{PT}1,m}$ 和 $\eta_{\text{PT}2,m}$ 为模型备选技术库中一级处理技术 PT_1 和 PT_2 对污染物 m 的去除率（见表 5.7）；$\eta_{\text{ST}n,m}$、$\eta_{\text{AT}n,m}$ 和 $\eta_{\text{DT}n,m}$ 分别为备选技术库中第 n 项二级处理技术、深度处理技术和消毒技术对污染物 m 的去除率（见表 5.7）；rr_k 为 pL_k 处潜在系统处理设施的出水作为再生水的比例。

对于源分离模式的系统，将上述四式中关于规划单元污水水量、水质的变量 wwpU 和 wqpU 替换成关于规划单元灰水水量、水质的变量 gwpU 和 gqpU；将关于污水处理技术的信息 $\eta_{\text{PT}1,m}$、$\eta_{\text{PT}2,m}$、$\eta_{\text{ST}n,m}$、$\eta_{\text{AT}n,m}$、$\eta_{\text{DT}n,m}$、xST_{kn}、xAT_{kn} 和 xDT_{kn} 替换成关于灰水处理技术的信息 $\eta_{\text{PT}1,m}$、$\eta_{\text{GT}n,m}$、$\eta_{\text{GDT}n,m}$、xGT_{kn} 和 xGDT_{kn}，便可以得到源分离模式系统的污染负荷排放量。

在对整个系统向城市水体排放 COD、TN、TP 和 FC 负荷量 Load_{COD}、Load_{TN}、Load_{TP} 和 Load_{FC} 计算的基础上，WaSLaM 模型采用了污染当量数将上述四种污染物的负荷排放量进行了集成，构建了模型的系统环境性能目标函数 Load，如式（5-44）所示。其中，α_1、α_2、α_3、α_4 分别为 COD、TN、TP 和 FC 的当量换算系数，具体取值可以参考排污收费的相关研究进行确定。参考相关研究[180-183]，在 WaSLaM 模型中，α_1、α_2 和 α_3 分别为 1、20 和 100，α_4 则按照我国现行《排污费征收标准》中 FC 当量系数的计算方法，利用 FC 的超标倍数进行确定。

$$\text{Load} = \alpha_1 \text{Load}_{\text{COD}} + \alpha_2 \text{Load}_{\text{TN}} + \alpha_3 \text{Load}_{\text{TP}} + \alpha_4 \text{Load}_{\text{FC}} \tag{5-44}$$

（3）系统资源性能目标函数

WaSLaM 模型的系统资源性能目标函数 Res 表征了规划区域内水环境系统的资源回收能力。对于同一个规划区域来说，选择不同的系统模式，水环境系统所具有的资源回收能力是不同的，例如，回用模式的水环境系统能够对规划区域内的水资源进行回收；源分离模式的水环境系统不仅能够回收规划区域内的水资源，还能够回收富集在黄水和褐水中的氮、磷资源。然而，对于一定的规划区域来说，一旦确定了水环境系统的污水收集率，系统对氮、磷的回收能力就已经确定，其与系统的空间布局无关。与空间布局相关的，只有系统的水资源回收能力。

因此，在 WaSLaM 模型中定义系统对资源的回收能力专指对水资源的回收能力，并且使用区域再生水需求的满足率 WrR 来定量化系统的资源回收能力 Res，即

$$\text{Res} = \text{WrR} = \frac{\displaystyle\sum_{j=1}^{\text{NpU}} y\text{R}_j \cdot \text{rpU}_j}{\displaystyle\sum_{j=1}^{\text{NpU}} \text{rpU}_j} \tag{5-45}$$

5.3.4.4　约束条件

除了式（5-16）~式（5-21）所表述的模型变量间的相互约束外，WaSLaM 模型的约束还包括了保证城市水环境系统空间特征的空间约束，保证规划区域内水环境系统用户需求的水量水质约束，以及保证系统建设可行性的占地约束。这些约束反映了规划区域及水环境系统自身对系统规划的要求，使得 WaSLaM 模型的可用性得到了提高。

（1）空间约束

对于一个合理的、便于建设和管理的城市水环境系统来说，在满足当地实际的空间条件下，系统内任意一个处理设施的服务区域必须具有空间完整性，即如果用系统的管网连接同一个处理设施服务区内的任意两个系统用户，管网所经过的区域均属于该处理设施的服务区。因此，在对系统进行布局层次规划时，规划区域内的系统用户与处理设施之间的连接关系必须保证系统的规划方案具有以上空间特征。

将此空间特征转化为数学表达，即要求 WaSLaM 模型的变量满足如下的约束："对于任意的 $k = 1 \sim \text{NpL}$，矩阵 $\text{P}_k = \text{S}_k + \text{S}_k^2 + \cdots \text{S}_k^{n(\text{J}_k)}$ 中的任意元素不等于 0。"其中，$n(\text{J}_k)$ 为集合 J_k 中的元素个数，$\text{J}_k = \{j \mid x_k y_{jk} = 1, \forall j = 1 \sim \text{NpU}\} = \{j(1), j(2), \cdots j(n(\text{J}_i))\}$；$\text{S}_k$ 为表示 pL_k 处系统潜在处理设施服务区内各规划单元 pU 之间空间关系的 $n(\text{J}_k) \times n(\text{J}_k)$ 阶的邻接矩阵，其中的元素 $s_{m,n} = a_{j(m), j(n)}$，$a_{j(m), j(n)}$ 为规划区域中所有规划单元 pU 空间关系邻接矩阵 A 中第 $j(m)$ 行，第 $j(n)$ 列对应的元素。

（2）水量约束

根据 5.3.2.3 节中系统内设施布局的假设可知，在 WaSLaM 模型中，规划区域内任意一个处理设施再生水供给的空间范围不会超过该处理设施中污水处理厂或灰水处理厂收集污水或灰水的空间范围。在这样的假设下，对于合理的系统布局规划方案，系统内任意处理设施中污水或灰水的处理量 Q_D，也就是该处理设施能够提供的最大再生水量，应当可以满足该处理设施服务范围内的再生水需求量 Q_R。

对于回用模式系统来说，上述水量约束的数学表达为：

$$\forall k = 1 \sim \mathrm{NpL}, Q_{\mathrm{D},k} \geqslant Q_{\mathrm{R},k}$$

$$Q_{\mathrm{D},k} = \sum_{j=1}^{\mathrm{NpU}} \mathrm{y}_{jk}\, \mathrm{x}_k\, \mathrm{wwpU}_j \tag{5-46}$$

$$Q_{\mathrm{R},k} = \sum_{j=1}^{\mathrm{NpU}} \mathrm{y}_{jk}\, \mathrm{x}_k\, \mathrm{rpU}_j\, \mathrm{yR}_j$$

对于源分离模式系统来说，上述水量约束的数学表达为：

$$\forall k = 1 \sim \mathrm{NpL}, Q_{\mathrm{D},k} \geqslant Q_{\mathrm{R},k}$$

$$Q_{\mathrm{D},k} = \sum_{j=1}^{\mathrm{NpU}} y_{jk}\, x_k\, \mathrm{gwpU}_j \tag{5-47}$$

$$Q_{\mathrm{R},k} = \sum_{j=1}^{\mathrm{NpU}} y_{jk}\, x_k\, \mathrm{rpU}_j\, y\mathrm{R}_j$$

（3）水质约束

城市水环境系统中处理设施的出水一部分通过再生水管网输送给系统中的再生水用户进行回用，另一部分则直接排入城市水体，因此，系统中处理设施的出水水质应当满足再生水用户和城市水体的水质需求。也就是说，在 WaSLaM 模型中，规划区域内的任意一个处理设施出水中的污染物浓度应当小于该处理设施再生水服务范围内所有规划单元的再生水需求水质，以及该区域的水体需求水质，其数学表达为：

$$\forall k = 1 \sim \mathrm{NpL}, C_{\mathrm{out},k,\mathrm{m}} \leqslant \min(\mathrm{rqpU}_{\mathrm{J},\mathrm{m}}), C_{\mathrm{out},k,\mathrm{m}} \leqslant C_{\mathrm{s},\mathrm{m}}$$

$$J \in \{ J = j \mid x_{jk} = 1, y\mathrm{R}_j = 1, j = 1 \sim \mathrm{NpU} \} \tag{5-48}$$

$$C_{\mathrm{out},k,\mathrm{m}} = \frac{\mathrm{Load}_{\mathrm{out},k,\mathrm{m}}}{Q_{\mathrm{D},k}}$$

其中，$C_{\mathrm{out},k,\mathrm{m}}$ 为位于 pL_k 处的处理设施出水中污染物 m 的浓度；$\mathrm{rqpU}_{\mathrm{J},\mathrm{m}}$ 是该处理设施再生水服务范围内规划单元 pU_J 对再生水中污染物 m 的浓度限制；$C_{\mathrm{s},\mathrm{m}}$ 为规划区域水体对污染物 m 的浓度限制。

（4）占地约束

可行的城市水环境系统布局规划方案要求系统中设施的用地需求与规划区域能够提供的用于设施建设的土地量相匹配。这就要求，在潜在设施位置 pL_k 处建设的处理设施与调节设施的用地总和必须小于 pL_k 所在地块能够提供的土地面的 ApL_k，否则将不能在 pL_k 处建设系统的处理设施和调节设施。也就是说，在系统规划的过程中，应当满足：

$$\forall k = 1 \sim \mathrm{NpL}, \mathrm{Area}_k \leqslant \mathrm{ApL}_k \tag{5-49}$$

$$\mathrm{Area}_k = \mathrm{Area}_{k,\mathrm{P}} + \mathrm{Area}_{k,\mathrm{R}}$$

其中，Area_k 为在潜在设施位置 pL_k 处建设系统设施所需要的用地面积，其等于处理设施所需用地面积 $\mathrm{Area}_{k,\mathrm{P}}$ 与调节设施所需用地面积 $\mathrm{Area}_{k,\mathrm{R}}$ 的加和；ApL_k 为潜在设施位置 pL_k 处能够提供的土地面积。

系统内处理设施所需要的用地面积由处理单元用地面积和辅助单元用地面积两部分组成。处理单元的用地面积与处理设施处理技术的选择相关，根据表 5.10 中相关处理技术占地需求的经验公式以及描述集合 Plant 的模型变量，WaSLaM 模型可以计算出处理单元在采用备选技术库中不同处理技术时的占地需求。对于辅助单元的用地，例如处理单元控制系统的用地，管理用地等，则根据《城市污水处理工程建设标准》中"辅助单元占地通常为整个处理设施占地 30％"的规定进行折算得到。综上所述，式（5-50）和式（5-51）分别给出了回用模式系统和源分离模式系统中处理设施所需用地的计算公式。其中，$k=1\sim\mathrm{NpL}$；$A_{k,\mathrm{T}}$ 为在 pL_k 位置的系统处理设施使用编号为 T 的处理技术时处理单元所需的用地面积，该值可以通过表 5.10 中的经验公式计算得到。

$$\mathrm{Area}_{k,\mathrm{P}} = 1.43\big[A_{k,\mathrm{PT}_1} + A_{k,\mathrm{PT}_2} + \sum_{m=1}^{8}(x\mathrm{ST}_{km} \cdot A_{k,\mathrm{ST}_m}) \tag{5-50}$$

$$+ \sum_{m=1}^{4}(x\mathrm{AT}_{km} \cdot A_{k,\mathrm{AT}_m}) + \sum_{m=1}^{4}(x\mathrm{DT}_{km} \cdot A_{k,\mathrm{DT}_m})\big]$$

$$\mathrm{Area}_{k,\mathrm{P}} = 1.43\bigg[A_{k,\mathrm{PT}_1} + \sum_{m=1}^{5}(x\mathrm{GT}_{km} \cdot A_{k,\mathrm{GT}_m}) + \sum_{m=1}^{4}(x\mathrm{GDT}_{km} \cdot A_{k,\mathrm{GDT}_m})\bigg] \tag{5-51}$$

系统内调节设施所需要的用地面，即再生水季节调节设施的占地需求 $\mathrm{Area}_{k,\mathrm{R}}$ 取决于它的体积 V_k 与有效高度 h，数值上等于体积 V_k 与 h 的比值。调节设施的体积 V_k 可以通过 5.3.4.3 节中构建的再生水季节调节设施网络流规划模型计算得到；调节池的有效高度 h 则根据给水排水设施的工程经验选取 $3\sim5\mathrm{m}$。

5.3.5　模型的算法

5.3.5.1　模型的特征

从 5.3.4 节中对模型数学表达的描述可以看出，WaSLaM 模型具有以下特征：

（1）0-1 决策变量多

从 5.3.4.2 节中可知，WaSLaM 模型中的变量均为 0-1 决策变量。当 WaSLaM 模型用于回用模式系统的布局规划时，模型中将包括 $17\times\mathrm{NpL}$ 个描述系统潜在设施位置的 0-1 决策变量以及 $(\mathrm{NpL}+1)\times\mathrm{NpU}$ 个描述规划区域内规划单元的 0-1 决策变量；当 WaSLaM 模型用于源分离模式系统的布局规划时，模型中将包括 $9\times\mathrm{NpL}$ 个描述系统潜在设施位置的 0-1 决策变量以及 $(\mathrm{NpL}+1)\times\mathrm{NpU}$ 个描述规划区域内规划单元的 0-1 决策变量。由此可见，模型中 0-1 决策变量的个数取决于规划区域内潜在处理设施位置的个数 NpL 以及规划区域内规划单元的个数 NpU。

随着污水处理技术的进步，水环境系统中处理设施的规模不断小型化，对环境的影响也不断减小，这使得在进行城市水环境系统规划时，规划区域内能够满足系统处理设施建设要求的空间位置越来越多，即 NpL 越来越大。此外，为了保证规划的合理性和科学性，在使用 WaSLaM 模型对水环境系统进行布局规划时，对规划区域进行的规划单元划分不能太粗糙，也就是说 NpU 不能太小，否则将失去了系统布局规划的意义，也不能解决现阶段城市水环境系统规划所面临的空间复杂性问题。

综合以上两点可知，WaSLaM 模型是一个具有大量 0-1 决策变量的模型。庞大数目的 0-1 决策变量使得 WaSLaM 模型所解决问题的复杂性大大增加，使其成为一个典型的不能在多项式时间内求解的问题（NP 问题）。

（2）典型的多目标、多约束的优化模型

为了满足城市可持续发展对城市水环境系统可持续性的要求，WaSLaM 模型在对系统进行布局层次规划时，以同时优化系统的经济性能、环境性能和资源性能为目标。然而，这些同时被优化的系统性能目标之间具有冲突性，照顾了一个目标的利益，同时必然导致其他至少一个目标的利益受到损失，例如，系统提高了区域再生水需求的满足率，改善了系统资源性能的同时，额外的资金投入必将使得系统的经济性能退化。此外，为了使输出的系统布局规划方案合理可行，WaSLaM 模型在构建的过程中考虑了众多约束，包括：保证城市水环境系统空间特征的空间约束，保证规划区域内系统用户需求的水量水质约束，以及保证系统建设可行性的占地约束。

由此可见，WaSLaM 模型是一个典型的多目标、多约束的优化模型，它所解决的问题没有绝对的或者唯一的最好解。

（3）所解决的问题具有空间性

WaSLaM 模型是城市水环境系统布局层次规划的工具，其主要任务是将已经确定了系统模式的水环境系统在规划区域的空间上进行布局，使系统的规划方案具有空间性。因此，WaSLaM 模型所解决的问题具有一定的空间性，主要表现在：首先，WaSLaM 模型在对系统进行空间布局时，系统内处理设施的个数和位置都是未知的；其次，WaSLaM 模型认为规划区域内规划单元之间具有空间拓扑关系，并且这种拓扑关系作为约束指导系统的空间布局，例如，在确定规划用户与处理设施的管网连接方式时需要考虑规划单元间的空间拓扑关系等；最后，WaSLaM 模型在规划的过程中需要保证系统的空间特征，即系统内所有处理设施的服务区具有空间完整性。

上述模型所解决问题的空间性使得 WaSLaM 模型并不是单纯的多目标多约束的优化问题，而是更加复杂的多目标多约束的空间优化问题。

5.3.5.2　算法设计

上述 WaSLaM 模型的特征使得采用常规的优化算法或者遗传算法都无法在可行的时间范围内对其进行求解。考虑到模型所具有的空间特征，本研究基于随机采样、遗传算法和图论算法，构建了如图 5.8 所示的算法对 WaSLaM 模型进行求解。构建的 WaSLaM 模型求解算法由随机采样和主体算法两部分组成，其中主体算法由解决多目标优化问题的非支配遗传算法-Ⅱ（Non-dominated Sorting Genetic Algorithm-Ⅱ，NSGA-Ⅱ）和解决布局规划空间性问题的图论算法两部分构成。该算法通过求解 WaSLaM 模型，解决了布局层次规划在空间上生成和筛选可持续性城市水环境系统布局规划方案的技术问题。

在利用 WaSLaM 模型对可持续性城市水环境系统进行布局层次规划时，算法首先在规划区域内系统处理设施的潜在位

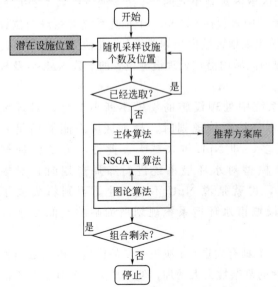

图 5.8　WaSLaM 模型求解算法的基本结构

置中随机选取系统处理设施的个数和位置，为系统规划确定设施布局情景；其次，利用确定的设施布局情景以及概念层次规划所筛选出的系统模式对 WaSLaM 模型的目标函数和约束进行确定，构建规划区域的系统空间布局模型；然后，使用主体算法对所构建的布局模型进行求解，得到在给定设施布局情景下具有可持续性优势的系统布局规划方案集，并将其存入推荐方案库中；最后，重复上述过程，直到所有处理设施个数和位置组合的情景都被历遍。

（1）随机采样

随机采样是整个 WaSLaM 模型求解的基础，它将模型的解空间进行了不重叠的全划分，每个划分对应一种系统处理设施的布局情景，情景中包含了系统处理设施的个数和具体位置。模型后续的主体算法将以随机采样给出的处理设施布局情景为基础，对系统处理设施的规模、与用户之间的关联以及所选用的技术进行进一步的确定，即相当于进一步在划分好的不同的解空间上去寻找可持续性高的系统布局规划方案。

随机采样在模型求解算法中的使用使得 WaSLaM 模型在应用的过程中具有以下几方面的优势：

1）随机采样的使用使得 WaSLaM 模型求解的复杂度大幅度下降。算法中每进行一次随机采样操作，就可以得到一个已知处理设施个数和位置的系统布局情景。在布局情景下利用 WaSLaM 模型对系统进行进一步的空间布局规划时，模型中变量及约束的个数都将减少，例如，在给定的布局情景下，描述集合 Plant 的模型变量 x_k 将从变量转变为已知输入，这使得 WaSLaM 模型计算的复杂度下降。

2）随机采样的使用使得 WaSLaM 模型的解，即模型最终计算得到的规划区域可持续性城市水环境系统的推荐方案集，具有一定的代表性。正如上所述，随机采样实际上是将模型的解空间进行了不重叠的全划分，它使得整个算法对解空间进行了较为均匀的全局搜索，防止了在模型求解过程中因为局部收敛而造成的可持续性优势方案的漏失。因此，采用本研究所构建的算法对 WaSLaM 模型进行求解，其最终得到的系统布局规划推荐方案集必然在模型的解空间上更接近于真正的可持续性最优的布局方案。除此之外，在整个计算的过程中，随机采样使得模型对每一种处理设施个数与位置组合的情景都进行了推荐方案的计算，为后续规划方案决策过程中可能出现的偏好决策提供了充分的决策支持。

3）随机采样的使用使得 WaSLaM 模型的输出结果具有一定的规划决策能力和决策可靠性。通过上述算法的计算，WaSLaM 模型能够为规划区域输出一个具有相当数量规划方案的可持续性城市水环境系统推荐规划方案库，方案库中包含了每一种处理设施个数与位置组合情景下的系统推荐布局方案集，而每个集合中又都存在着若干个具体的系统布局规划方案。因此，从本质上讲，推荐规划方案库可以认为是对规划区域内所有可能具有可持续性优势的水环境系统布局方案进行的一次具有完备性和均匀性的采样。对此样本进行统计，所得到的结论对规划区域水环境系统的规划决策具有一定的支持能力。

（2）主体算法

如图 5.9 所示，WaSLaM 模型的主体算法由 NSGA-II 算法和图论算法两部分组成，其中 NSGA-II 算法为主体算法提供了计算框架。主体算法的主要功能是在随机采样确定的系统布局情景下，以系统同时具有良好的经济、环境和资源性能为目标，通过多目标空间优化的方法，确定系统内处理设施的规模、技术选择以及规划区域内规划单元与处理设施之间的联接关系，为规划区域推荐布局情景下的可持续性城市水环境系统布局规划方案集。

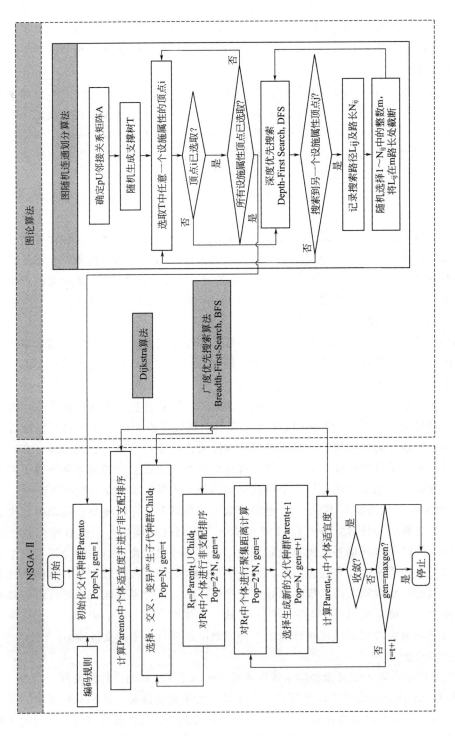

图 5.9　WaSLaM 模型主体算法的结构

主体算法中的 NSGA-Ⅱ算法是 Deb 等人 2000 年在 NSGA 算法的基础上提出的一种利用带有精英策略的非支配排序求解多目标优化 Pareto 最优解的进化方法,目前被广泛应用于涉及多目标优化的各个领域的研究[218-222]。之所以采用该方法对 WaSLaM 模型求解的主体算法进行构建并作为主体算法的框架,主要是因为 WaSLaM 模型多 0-1 决策变量的特征使得传统的多目标优化算法无法在可行的时间范围内对模型进行求解,只有使用多目标优化的进化算法才能解决 WaSLaM 模型上述的计算复杂性问题。

考虑到城市水环境系统布局的空间性,主体算法使用图论算法来对 WaSLaM 模型中所涉及的空间问题进行求解。所使用的图论算法包括本研究自主构建的图随机连通划分算法以及图论中经典且常用的 Dijkstra 最短路算法和广度优先搜索算法(Breadth-First-Search,BFS)[221,222]。在模型实际求解的过程中,图论算法被嵌套在 NSGA-Ⅱ算法中,通过对 NSGA-Ⅱ算法中"初始化种群、适宜度计算和交叉、变异算子执行"进行操作,使得以 NSGA-Ⅱ为框架的 WaSLaM 模型主体算法具有了解决多目标空间优化问题的能力。

基于图 5.9 给出的算法计算流程,下文将以 NSGA-Ⅱ算法的框架为主线,从编码生成、初始群体确定、适应度评估、非支配排序、聚集距离计算、选择以及交叉和变异七个方面对 WaSLaM 模型的主体算法进行介绍。

1)基本概念[198-200]

为了便于算法的理解,在对算法介绍之前,先对多目标优化的基本概念进行简单阐述:

在多目标优化中,所谓"支配"是指:对于最小化多目标问题 $f(X)=(f_1(X),f_2(X),\cdots,f_n(X))$,从问题的决策空间 U 中任意取出两个决策变量 X_1 和 X_2,如果:

—对于 $\forall i \in \{1,2,\cdots n\}$,都有 $f_i(X_1) < f_i(X_2)$,则 X_1 支配 X_2;

—对于 $\forall i \in \{1,2,\cdots n\}$,都有 $f_i(X_1) \leqslant f_i(X_2)$,且至少存在一个 $j \in \{1,2,\cdots n\}$,使得 $f_j(X_1) < f_j(X_2)$,则 X_1 弱支配 X_2;

—如果存在 $i \in \{1,2,\cdots n\}$,使得 $f_i(X_1) < f_i(X_2)$,同时存在 $j \in \{1,2,\cdots n\}$,使得使得 $f_j(X_1) > f_j(X_2)$,则 X_1 与 X_2 互不支配。

所谓"Pareto 最优解"是指多目标优化问题的一个解集,这个解集中的所有解之间就全体目标函数而言是无法比较优劣的,其特点是:无法在改进任何一个目标函数的同时不削弱至少一个其他目标函数。这种解也称为非支配解。

2)编码生成

从 5.3.4.2 节中对模型变量的定义可知,WaSLaM 模型的变量均为 0-1 决策变量,这使得系统空间布局问题的复杂度大幅度增加。为了减少模型中变量的个数,提高模型求解的效率,以 NSGA-Ⅱ算法为框架的 WaSLaM 模型主体算法采用了非负整数编码的方式对模型变量进行了处理。图 5.10 给出了利用 WaSLaM 模型对回用模式系统进行规划时,主体算法的编码规则。主体算法的编码规则将每一个水环境系统的布局方案定义成为一个染色体,并根据布局方案中所包含的规划信息将每一个染色体分为了三部分:连接关系片段、再生水使用属性片段和处理设施技术片段,三部分分别表征了水环境系统布局方案中的规划信息:规划区域内规划单元与处理设施的连接关系、再生水用户的范围以及处理设施的技术选择。

染色体中连接关系片段是对描述集合 Unit 的变量 y_{jk} 的编码,用于表征规划区域内

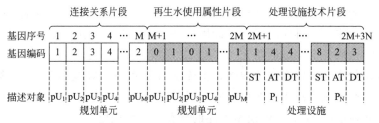

图 5.10 主体算法的编码生成规则

NpU 个规划单元与随机采样得到的系统布局情景中 NP 个处理设施之间的连接关系。该片段中基因的个数与规划区域内规划单元的个数 NpU 相同，每个基因的取值为 1～NP 之间的所有整数。基因取值的大小表示该基因对应的规划单元 pU 与取值相对应编号的处理设施之间具有连接关系，该 pU 将向此处理设施排放产生的污水，并且如果该 pU 使用再生水，它也将从该处理设施处获取。以图 5.10 为例，如中基因序号 4 对应的 pU_4 将与编号为 4 的处理设施连接，向其排放污水并获取再生水。这种编码的方式使得 WaSLaM 模型中变量 y_{jk} 的个数得到了大幅度的减少，并且简化了模型中与 y_{jk} 有关的约束。

染色体中再生水使用属性片段是对描述集合 Unit 的变量 yR_j 的编码，用于表征规划区域内 NpU 个规划单元是否使用再生水，如果使用，则该 pU 对应的基因取值为 1，否则为 0。该片段中基因的个数也与规划区域内规划单元的个数 NpU 相同。上述对该片段的编码并未减少 WaSLaM 模型中变量 yR_j 的个数。

染色体中处理设施技术片段是对描述集合 Plant 的变量 xST_{km}、xAT_{km}、xDT_{km}、xGT_{km} 和 $xGDT_{km}$ 的编码。从 5.3.4.2 节中可知，回用模式系统在进行布局规划的过程中，每一个处理设施需要有 16 个变量来描述处理技术的选择。在主体算法中，算法的编码方式将这 16 个变量转化为 3 个基因，每个基因分别表示该处理设施二级处理技术、深度处理技术和消毒技术的选择，基因的取值为所选择的该类技术的编号，例如，图 5.10 中序号为 2M+1、2M+2 和 2M+3 的基因分别表示了在随机采样得到的布局情景中，处理设施 P_1 选择了编号为 1 的二级处理技术、编号为 4 的深度处理技术和编号为 4 的消毒技术。与回用模式系统类似，主体算法的编码方式将描述源分离系统中每一个处理设施处理技术选择的 9 个变量转化成了 2 个基因。综上可知，主体算法所采用的上述编码方式使得系统内各处理设施技术选择变量的个数得到了大幅度地减少。

3）初始群体确定

根据上述编码规则可知，用于表征系统布局方案的染色体中表示连接关系的基因片段取值应当是 1～NP 之间的随机整数，表示再生水使用属性的基因片段取值应当是 0-1 随机数，而表示处理设施技术选择的基因片段取值则是根据各项处理技术在备选技术库中的排列顺序，随机选取的各类处理技术选项的编号。然而，并不是所有按照上述取值要求生成的所有染色体都是主体算法的有效染色体。从 WaSLaM 模型的数学表达中可知，对于主体算法来说，每一个有效的染色体，即合理的系统布局规划方案在满足上述基因片段取值的基础上，还应当满足 5.3.4.4 节中所定义的空间约束、水量约束、水质约束和占地约束。因此，在初始种群生成的过程中，应当根据 5.3.4.4 节中的约束，对生成的符合基因片段取值要求的染色体进行检验，能够同时满足所有约束的染色体才能作为有效的个体进入初始群体。图 5.11 给出了主体算法初始群体生成的流程。

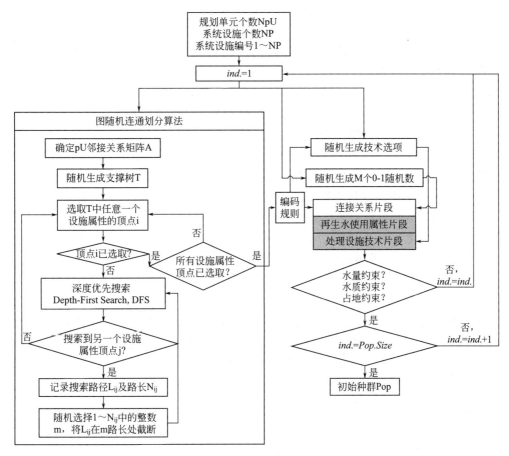

图 5.11　主体算法初始种群生成的流程

从图 5.11 可以看出，在初始群体生成的过程中，为了满足 WaSLaM 模型的空间约束，保证布局规划过程中系统的空间特征，主体算法使用了基于图论开发的图随机联通划分算法。该算法根据随机采样得到的布局情景中规划区域内处理设施的个数与位置，利用随机生成支撑树和深度优先搜索的方法（如图 5.11 所示）将规划区域的规划单元进行了满足其空间关系的随机全划分，使得每个划分中有且只有一个处理设施，并且各个划分之间没有重叠。图随机联通划分算法的根本目的是在系统布局规划的过程中保证规划区域内规划单元服务的独立性（即每个规划单元 pU 只能与一个处理设施 P 相互关联）以及规划区域内处理设施服务的空间完整性（即每个处理设施 P 的服务区必须是满足空间关系上的联通）的基础上对规划区域进行处理设施服务区域的随机划分。这种划分的结果通过编码规则将转化成染色体中满足空间约束的有效连接关系基因片段。

在利用图随机联通划分算法对规划区域中处理设施服务区进行随机有效划分的基础上，有效的连接关系片段和随机生成的再生水使用属性片段与处理设施技术片段将利用规划区域的水量约束、水质约束以及占地约束进行进一步的有效性判断。能够通过判断的染色体都代表了满足规划区域约束的合理的水环境系统布局规划方案，其将成为主体算法初始种群的有效个体。

4）适宜度评估

以 NSGA-Ⅱ算法为框架的主体算法中，适宜度评估与传统单目标遗传算法的适宜度评估不同，它只是确定对染色体进行选择的标准，而不用进行选择优先级的确定，这样在很大程度上简化了适宜度评估的过程。

主体算法的适宜度本质上是确定对染色体进行选择的标准，主要是由目标函数和约束条件决定。主体算法在初始种群生成的过程中使用约束条件对染色体进行了有效性判断，因此，在对染色体进行适宜度评估的过程中只需考虑 WaSLaM 模型中的三个目标函数。

WaSLaM 模型的经济目标函数中涉及系统管网和提升设施建设及运行成本的计算，这两项设施成本的计算需要已知管网的长度及管网铺设过程中高程的变化，而在系统布局规划阶段，管网的具体铺设是未知的。根据假设，WaSLaM 模型采用满足规划区域空间关系的规划单元与处理设施间的最短路来表征管网的铺设。因此，在适宜度评估中计算系统经济性能目标函数时，主体算法采用了图论中的 Dijkstra 最短路算法对每个规划单元 pU 到相应处理设施 P 的管道长度及高程变化进行了计算。

5）非支配排序

主体算法中个体非支配排序的目的是将种群中的个体，即满足约束的系统布局规划方案，按照支配关系进行分类，具体方法如下：对于种群 Pop 中的任意一个个体 i，设其具有两个向量 $\{n_i\}$ 和 $\{s_i\}$，其中 n_i 记录支配个体 i 的个体数，s_i 记录被个体 i 支配的个体的集合。首先，通过一个二重循环计算每个个体的 n_i 和 s_i，然后按照 $P_k = \{i \,|\, n_i - k + 1 = 0, k = 1, 2, 3 \cdots\}$ 对个体 i 进行分类。可以看出，分类后，属于集合 P_1 的个体 i 具有较高的支配序，它将支配集合 P_2，P_3…当中的个体，即集合 P_1 中的布局规划方案在 WaSLaM 模型的三个目标函数上要优于集合 P_2，P_3…中的规划方案。但是集合 P_1 中的各个体之间互不支配，即对于 WaSLaM 模型的三个目标函数来说，集合 P_1 中的布局规划方案相互之间不具有优势差异。以此类推。

6）聚集距离计算

聚集距离反映了同一支配排序集合 P 中各个体周围的拥挤程度，距离越大，说明该个体周围存在的其他个体越少。一个个体的聚集距离 $P[i]_{distance}$ 可以通过计算与其相邻的两个个体在每个子目标上的距离差之和来求取，即：

$$P[i]_{distance} = \sum_{k=1}^{r} (P[i+1]f_k - P[i-1]f_k) \tag{5-52}$$

其中，r 为目标函数的个数，$P[i+1]f_k$ 和 $P[i-1]f_k$ 分别为与个体 i 在子目标 k 上相邻的两个个体的子目标 k 的函数值。在计算每个个体聚集距离的过程中，首先需要对集合 P 中的每个个体按照每个子目标函数值进行排序，然后计算出每个个体在每个目标函数下的聚集距离，最后将每个目标函数下的聚集距离进行加和，得到该个体的聚集距离。个体的聚集距离越大，表明这种个体的存在越有助于保持解群体的分布性和多样性，在计算的过程中，这类个体将优先被保留并参与进化。因此，根据计算得到的聚集距离，可以将同一支配排序集合 P 中的个体进行进一步的排序，使得集合 P 成为聚集距离定义下的偏序集。聚集距离越大个体所代表的布局规划方案，其在偏序集中的位置越靠前，相比于该集合中的其他布局规划方案，在主体算法计算的过程中更有可能被作为优势方案保留下来。

7）选择

综上可知，对于同一种群中的所有系统布局规划方案来说，在主体算法中都具有了两个属性：非支配序 i_{rank} 和聚集距离 i_d，并根据这两个属性的大小，算法将对所有的布局规划方案进行排序，排序规则为：如果 $i_{rank} < j_{rank}$，或者 $i_{rank} = j_{rank}$ 且 $i_d > j_d$，则说明系统布局规划方案 i 优于系统布局规划方案 j，其在主体算法计算的过程中则优先应该被保留进入新群体，参与后续的计算。图 5.12 给出了以 NSGA-Ⅱ算法为框架的主体算法中选择个体进入后续计算的流程。

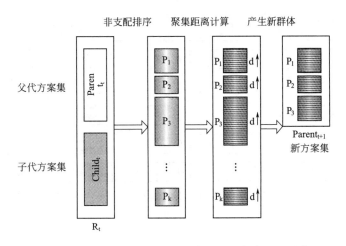

图 5.12　主体算法中选择优势布局规划方案过程示意

8）交叉和变异

在主体算法计算的过程中，为了不断地生成更具有 WaSLaM 模型目标函数优势的布局规划方案，上述选择产生的系统布局规划方案群体必须通过执行交叉、变异算子来产生新的、合理的系统布局规划方案群体。根据布局规划方案染色体中不同基因片段的特征，主体算法在连接关系基因片段、再生水使用属性基因片段与处理设施技术基因片段中分别确定交叉点和变异点的位置，以及交叉和变异算子具体的形式。图 5.13 给出了对回用模式系统进行布局规划时主体算法所采用的交叉变异算子。

从图 5.13 可以看出，对于随机选中的执行交叉算子的系统布局规划方案群体中的两个个体 i 和 j，主体算法将随机生成 4 个整数 n_1，n_2，n_3 和 n_4 来确定交叉的位置。其中，n_1 和 n_2 均小于 $NpU+1$，用于对染色体中连接关系基因片段进行交叉算子操作；n_3 和 n_4 则大于 NpU 且小于 $2NpU+3NP$，用于对染色体中再生水使用属性基因片段与处理设施技术基因片段进行交叉算子操作。对于选中的交叉位置，算子将分别对个体 i 和 j 在 n_1 和 n_2，n_3 和 n_4 之间两个基因片段进行互换，生成新的个体 i' 和 j'。对于随机选中的执行变异算子的系统布局规划方案群体中的个体 i，主体算法将随机生成 $n_1 \sim n_{10}$ 个小于 $2NpU+3NP+1$ 的正整数对染色体变异基因的位置进行确定。其中，n_1 和 n_2 用于确定连接关系基因片段上的变异点，因此取值均小于 $NpU+1$，变异算子进行操作的过程中将个体 i 位于 n_1 和 n_2 之间的基因进行逆排列；n_3 和 n_4 用于确定再生水使用属性基因片段上的变异点，均小于 $2NpU+1$，且大于 NpU，与连接关系基因片段的变异相同，在执行变异算子时，n_3 和 n_4 变异点之间的基因进行逆排序；而 n_5 和 n_6，n_7 和 n_8，以及 n_9 和 n_{10} 则分别用于确定回用模式系统中处理设施二级处理技术基因组（基因序号为 2NpU＋1、2NpU＋4、…、2NpU＋3NP-2）、深度处理技术基因组（基因序号为 2NpU＋2、2NpU＋5、…、2NpU＋3NP-1）和污水消毒技术基因组（基因序号为 2NpU＋3、2NpU＋6、…、2NpU＋3NP）上的变异点，在实际变异过程中，算子将位于同类技术基因组上的两个变异点将进行基因的交换。

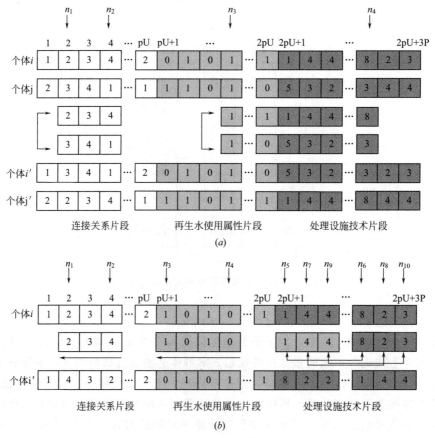

图 5.13　算法中交叉变异算子的描述

（a）交叉算子；（b）变异算子

在具体计算的过程中，主体算法通过产生 0～1 间的随机数 rand 来决定每一次新布局规划方案产生的过程中是执行交叉算子还是变异算子。算法中定义如果 rand＞0.9，则该次操作将执行变异算子，反之，则该次操作将执行交叉算子，这表明在该算法中，布局规划方案通过进行交叉算子操作产生新方案的概率为 0.9，通过进行变异算子操作产生新方案的概率为 0.1。

在使用交叉变异算子产生新的布局规划方案的时，主体算法还应当保证产生的新布局规划方案合理可行，即满足 WaSLaM 模型的空间约束、水量约束、水质约束和占地约束。因此，在每一个新布局规划方案生成的过程中，主体在确定了交叉变异算子类型后，首先对选中进行算子操作的布局规划方案染色体中的连接关系基因片段进行相应的操作。操作完成后，算法将利用图论中的广度优先搜索算法检查新产生的连接关系基因片段是否满足模型的空间约束，即检查所得到的新的系统布局规划方案中，各处理设施的服务区是否在满足区域规划单元空间关系的基础上保持了空间完整性。如果新产生的连接关系基因片段满足空间约束，则此次算子操作有效，否则将重新对选中的布局规划方案染色体中的连接关系基因片段进行操作，直至满足模型空间约束要求。完成连接关系基因片段的操作后，算法将继续对被选中的布局规划方案染色体中的再生水使用属性基因片段和处理设施技术基因片段执行相应的算子操作，完成一次完整的交叉或变异操作，生成一个新的系统布局规划方案。对于生成的新布局规划方案，主体算法还将对其进行水量约束、水质约束和占地约束满足程度的检查，只有符合这些约束要求的新布局规划方案才是有效可行的方案，否则将重复上述过程，直至得到的方案满足 WaSLaM 模型的所有约束要求。

5.3.5.3　算法的性能

从上述对 WaSLaM 模型算法的描述可以看出，该算法是采用随机采样、多目标优化遗传算法 NSGA-Ⅱ、自主开发的图连通随机划分算法、图论中经典的 Dijkstra 最短路算法和广度优先搜索算法所构建的用于多目标空间优化的"图论—遗传"集成算法。该算法对模型的复杂性进行了简化，在保证了解的空间均匀性和多样性的基础上，提高了模型的求解效率，使得在空间上生成并筛选出可持续性城市水环境系统布局规划方案的技术难点得以解决。

以一个区域面积为 $65km^2$，其中具有 40 个规划单元和 6 个处理设施的规划区域为例，使用 WaSLaM 模型对该区域的回用模式城市水环境系统进行了空间布局，图 5.14 和图 5.15 分别给出了整个计算过程中模型算法对单个目标函数的收敛性以及模型 Pareto 最优解，即模型所推荐的系统布局方案的空间分布性。从中可以看出，在系统布局规划方案生成和筛选的过程中，WaSLaM 模型的"图论—遗传"集成算法对模型的三个目标函数具有较好的收敛性，并且随着算法计算代数的增加，每次计算所得到的群体中非支配解的个数在不断增多，即模型每次计算后输出的具有目标函数优势的系统布局规划推荐方案的个数在不断增多，而且这些非支配解，即推荐的系统布局规划方案在解空间上的分布随着算法计算代数的增加而越来越集中。

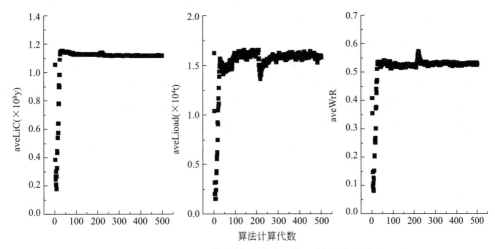

图 5.14　WaSLaM 模型算法单个目标函数的收敛情况

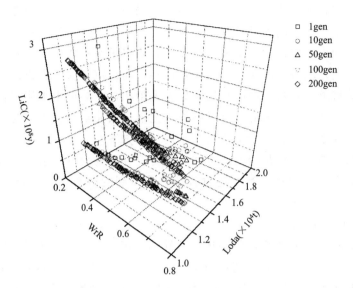

图 5.15　WaSLaM 模型解的空间分布情况

　　由此可见，本研究构建的"图论—遗传"集成算法在对 WaSLaM 模型求解的过程中具有良好的收敛性和解的空间分布性，这使得 WaSLaM 模型所输出的可持续性城市水环境系统空间布局规划方案具有一定的代表性和可靠性。

5.3.6　模型的输出

　　从上述对 WaSLaM 模型结构和算法的描述可知，对于算法每一次计算过程中随机采样所确定的处理设施个数和位置已知的布局情景，模型都将输出一个具有可持续性优势的系统布局规划推荐方案集。完成所有的随机采样后，得到的众多推荐方案集将组成规划区域水环境系统布局规划推荐方案库，这是 WaSLaM 模型最直接的输出。

　　系统布局规划推荐方案库中的每一个方案所能够提供的系统规划信息包括：规划区域内处理设施的个数与位置、规划单元与处理设施的连接关系、再生水使用用户的空间分布以及处理设施技术的选择。除此之外，推荐方案库中每一个方案的经济性能——寿命期内的建设运行成本、环境性能——污染负荷当量排放量和资源性能——再生水需求的满足率也是已知的。

　　将系统布局规划推荐方案库中的所有方案按照 WaSLaM 模型的三个目标函数进行非支配排序，然后根据规划区域对系统经济、环境和资源性能的要求对排序后的方案进行筛选，WaSLaM 模型便可以为规划区域推荐具有可持续性的系统布局规划方案。此外，对推荐方案库中的所有方案进行统计分析，其结果还能为规划区域水环境系统的规划提供相关的决策信息。

5.4　本章小结

　　本章针对第 4 章所构建的可持续性城市水环境系统规划方法，以可持续性城市水环境系统规划的科学问题本质为依据，开发了相应的可持续性城市水环境系统规划工具集。该工具集由用于系统概念层次规划的城市水环境系统模式筛选模型 WaSPaM 和用于系统布局层次规划的城市水环境系统布局规划模型 WaSLaM 组成，两个模型在工具集中串联使用，解决了可持续性城市水环境系统规划过程中由于可选系统模式、空间格局以及决策目标多样性而带来的规划复杂性问题。

根据概念层次规划多属性决策问题的科学本质，本章开发了以 MADM 框架为核心，考虑了规划不确定性和决策偏好影响的城市水环境系统模式筛选模型 WaSPaM。该模型能够结合规划区域的实际情况和规划目标，对所有可选择的城市水环境系统模式进行可持续性的综合评估和比较，筛选出符合规划区域要求的、可持续性的城市水环境系统模式。由于 WaSPaM 模型在对系统模式进行筛选的过程中考虑了规划不确定性和决策偏好对最终结果的影响，这使得模型的可用性和筛选结果的可靠性得到大幅度的提高。WaSPaM 模型的构建解决了可持续性城市水环境系统规划过程中因为可选系统模式和决策目标多样性而带来的规划复杂性问题。

同样，根据布局层次规划多目标决策问题的科学本质，本章开发了能够生成和筛选系统空间布局，确定系统内处理设施的个数、位置、能力、所选用的技术以及服务范围的城市水环境系统布局规划模型 WaSLaM。该模型是一个具有物理、化学和空间条件约束的多 0-1 变量、多目标、多约束的优化模型。针对该模型所解决问题的特点，本章还开发了"图论—遗传"集成算法，降低了模型的复杂度，提高了模型的效率，使得在空间上生成和筛选可持续性城市水环境系统空间布局规划方案的技术难点得以解决。WaSPaM 模型通过数学计算生成和筛选系统规划方案的方法，解决了可持续性城市水环境系统规划过程中因为空间规模和决策目标多样性而带来的规划复杂性问题，降低了系统空间布局规划的主观性和经验性，提高了系统规划的科学性和定量化水平。

第6章 可持续性城市水环境系统规划的案例研究

本章基于第4章中构建的可持续性城市水环境系统规划方法以及第5章中开发的可持续性城市水环境系统规划工具,以案例区域的城市水环境系统规划为例,介绍了可持续性城市水环境系统规划方法和工具的应用,并为大兴新城地区水环境系统的规划提供了推荐方案以及相关的规划决策信息。

6.1 案例区域概况

案例区域位于北京南部,距离北京中心城区南三环仅13km,是距离中心城区最近的新城。2004年10月新修编的《北京城市总体规划(2004年~2020年)》中,区域被定位为"北京市疏散城市中心区产业与人口的重要区域";2005年9月完成的《新城规划(2005~2020年)》明确了案例区域的功能定位:"是北京具有生态特色的宜居新城,是北京重要的物流中心,是现代制造业和文化创意产业的重点培育地区"。由此可见,案例区域是北京市最重要的卫星城之一。

(a)　　　　　　　　　　(b)　　　　　　　　　(c)

图 6.1　大兴新城概况

(a) 大兴新城区位分析图;(b) 大兴新城用地现状图;(c) 大兴新城用地规划图

截至2004年底,大兴新城已建成32.2km²,总人口约27.2万人,大部分用地的属性为居住用地,如图6.1(<i>b</i>)所示。根据新城规划,到2020年,大兴新城的用地规模将扩展到65km²,人口增至60万人,增加的用地以住宅用地和公共管理与公共服务用地为主,如图6.1(<i>c</i>)所示。

现阶段大兴新城地区已建成一座规模为 $8 \times 10^4 \mathrm{m}^3/\mathrm{d}$ 的污水处理厂,但由于建成区域管网系统的老化和新建成区域管网系统的不完善,整个新城内已建成区域的污水处理率只达到66%,区域内主要河流的水质均为劣Ⅴ类。与此同时,新城地区经济的快速发展,用水量的急剧增加使得该区域供水的主要水源——地下水水位逐年下降,本地水资源的匮乏与快速增长的需水量之间形成了越来越严峻的供需矛盾。为了缓解上述环境与资源的压力，实现大兴新城"生态宜居"的功能定位，新城规划中要求到 2020 年新城区域内的污水处理率达到 100%，再生水利用率达到 50%。

由此可见，大兴新城是一个典型的面临城市水环境系统老化和新建双重压力的城市地区，对其进行可持续性城市水环境系统的规划，不仅能够满足当地城市可持续发展过程中的设施需求，还能够为我国大量类似地区的水环境系统规划提供参考。

综合考虑大兴新城地区的现状和新城规划的要求，结合实地的调研和当地决策者的咨询，本案例研究将该地区进行可持续性城市水环境系统规划的目标定为：

（1）保证新城区域内污水的正常收集和处理，缓解区域所面临的设施危机；

（2）改善区域内地表水水环境质量，缓解区域所面临的环境危机；

（3）再生利用污水，减少新鲜水资源的开采，缓解区域所面临的资源危机。

根据此规划目标，本章将根据本书所构建的可持续性城市水环境系统规划方法和开发的相应工具对大兴新城地区的城市水环境系统进行规划研究。下文将对系统规划的核心内容——系统概念层次规划和布局层次规划的过程和结论进行详细的介绍。

6.2　大兴新城水环境系统概念层次规划

水环境系统概念层次的规划是要从备选的水环境系统模式中为规划区域筛选出符合区域要求的，具有可持续性的系统模式。在对大兴新城的水环境系统进行规划时，选取如图 6.2 所示的回用模式系统 TR 和源分离模式系统 SR 作为备选系统模式。定性分析备选系统模式 TR 模式系统和 SR 模式系统的结构可以看出，两种模式的系统都能够缓解大兴新城区域所面临的设施危机、环境危机以及资源危机，实现该地区城市水环境系统规划的目标。概念层次规划的主要任务就是使用 WaSLaM 模型对两种备选的系统模式进行综合评

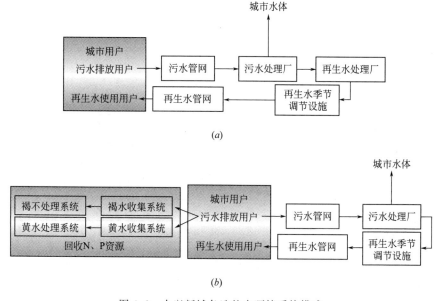

图 6.2　大兴新城备选的水环境系统模式

（a）回用模式系统（TR）；（b）源分离模式系统（SR）

估和比较，最终为大兴新城选择具有可持续性优势的一种系统模式作为系统规划建设的推荐模式。

6.2.1 WaSPaM 模型属性指标的量化

使用 WaSPaM 模型对大兴新城水环境系统进行概念层次规划的首要任务是根据大兴新城地区的实际情况，量化 WaSPaM 模型属性指标体系中的各项属性指标，这是整个概念层次规划的基础和关键之一。

本节以大兴新城地区 2004 年的 GDP 值，COD、TN 和 TP 的排放量，水资源量，氮肥、磷肥需求量的统计量为基准值，以 2020 年为规划年，分别在 TR 模式系统和 GR 模式系统情景下，对 WaSPaM 模型的属性指标值进行量化。根据大兴新城"生态宜居"的功能定位以及面临大规模建设的现状，在实地调研和咨询的基础上，本研究认为对于大兴新城来说，TR 模式系统和 GR 模式系统的公众可接受性和技术的适应性相当，也就是说，在布局规划阶段，系统的公众可接受性和技术适用性不会影响系统模式筛选的结果。因此，在大兴新城地区应用 WaSPaM 模型的过程中，公众可接受指数 PaI 和技术适应性指数 TI 两项属性指标不进行属性指标的量化和属性指标权重的赋值。此外，为了进一步比较传统模式系统 T 与新型城市水环境系统之间的差异，在概念层次规划中，本研究选取 T 模式系统作为基准情景，对其也进行了属性指标值的量化。表 6.1 给出了在大兴新城水环境系统概念层次规划过程中，WaSPaM 模型的输入变量和参数的取值范围及其概率分布。

大兴新城地区 WaSPaM 模型的输入及相关参数　　　　　　表 6.1

类别	名称	单位	取值范围	概率分布	来源
输入变量	Pop	万人	60	—	新城规划
	Q_P	L/(p·d)	247~273	均匀分布	新城规划
	r_s	%	100	—	新城规划
	r_{Rw}	%	50	—	新城规划
	δ（排水系数）	—	0.8~0.85	均匀分布	设计规范
	ξ（灰水比例）	%	60~70	均匀分布	文献
	L	a	30	—	规划部门
	i	%	5.94	—	中长期贷款利率
参数	perTWTCC	y/(m³·d)	800~2800	均匀分布	文献
	α_{Wt}	—	0.003~2.16	先验概率[①]	统计、文献
	β_{Wn}	—	1.5~2.5	均匀分布	文献
	γ_{Wn}	‰	0.5~1.5	均匀分布	文献、假设
	perRtCC$_k$	y/(m³·d)	700~1300	均匀分布	文献
	α_{Rt}	—	0.01~2.16	先验概率[①]	统计、文献
	β_{Rn}	—	2~4	均匀分布	文献
	γ_{Rn}	‰	0.5~1.5	均匀分布	文献
	CC$\varphi_{SR/TR}$	—	1.5~1.8	均匀分布	文献
	OMC$\varphi_{SR/TR}$	—	0.85~0.90	均匀分布	文献

续表

类别	名称	单位	取值范围	概率分布	来源
参数	l_{COD}	kg/(p·a)	10～74	先验概率[①]	统计、文献
	l_{TN}		0.75～7		
	l_{TP}		0.14～1.65		
	Gl_{COD}	kg/(p·a)	4～30	先验概率[①]	统计、文献
	Gl_{TN}		0.02～0.21		
	Gl_{TP}		0.01～0.16		
	$\eta_{T\,COD}$	%	80～90	均匀分布	规划部门统计、文献
	$\eta_{T\,TN}$		50～70		
	$\eta_{T\,TP}$		65～85		
	$\eta_{TR\,COD}$	%	80～90	均匀分布	规划部门统计、文献
	$\eta_{TR\,TN}$		50～70		
	$\eta_{TR\,TP}$		65～85		
	$\eta_{SR\,COD}$	%	85～95	均匀分布	文献
	$\eta_{SR\,TN}$		40～60		
	$\eta_{SR\,TP}$		70～80		
	η_{NY}	—	0.88	—	文献
	η_{NB}	—	1	—	文献

① 先验概率形式分别如图 3.4、图 3.2 及图 3.3 所示；

② 为了保证比较的合理性，基准情景 T 模式系统的污水处理水平与 TR 模式系统非回用部分的污水处理水平相同，均采用强化脱氮除磷的二级处理技术。

　　根据上述 WaSPaM 模型的输入和参数，分别针对大兴新城地区规划建设 T、TR 和 SR 三种模式水环境系统的情景，对 WaSPaM 模型中的各项属性指标进行了 1000 次的随机计算，结果如图 6.3 所示。

　　从图中可以看出，对于系统的经济性能来说，在大兴新城建设以上任意一种模式的污水系统所需要的年费用投资均小于当地基准年 2004 年 GDP 的 3%，其中 T 模式系统的年费用最小，其次是 TR 模式系统。对于系统的环境性能来说，三种模式的系统都能够在较高的置信概率下保证规划年大兴新城 COD 污染负荷的排放低于基准年 2004 年的排放水平；而对于 TN 和 TP，T 模式系统只能有 70%～80% 的置信概率使得这两种污染物规划年的负荷排放量低于基准年水平，TR 模式系统和 SR 模式系统则仍具有较高的置信概率使得 TN 和 TP 的污染负荷排放量降低，尤其是 SR 系统。对于系统的资源性能来说，这种模式间的差异则更为明显。T 模式系统不具有回收任何资源的能力；TR 模式系统只对水资源进行回收；SR 模式系统能够对水资源和氮磷资源进行回收。但是，由于大兴新城地区周边的农业非常发达，对氮肥和磷肥的需求量非常大，这使得表征 SR 模式系统氮磷回收能力的属性指标 NI 和 PI 的计算值非常小。这样的计算结果可以表明，在缓解区域所面临的资源危机方面，SR 模式系统回收黄水和褐水中氮、磷元素的意义并不明显，但是，从缓解区域所面临的环境危机方面来看，SR 模式系统将污水中的氮磷元素进行分离回收，会显著改善新城地区的城市水环境质量。

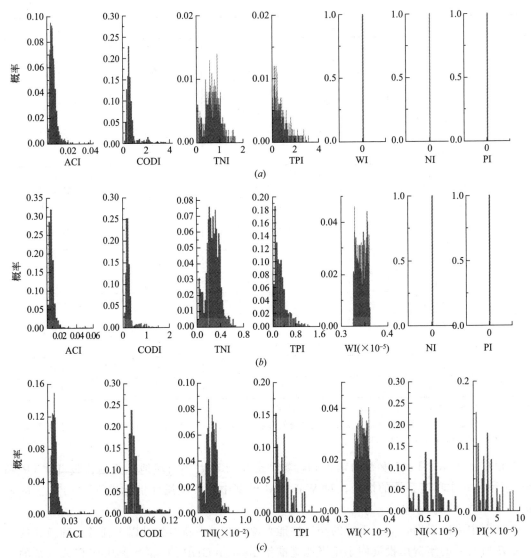

图 6.3 三种系统模式下大兴新城地区 WaSPaM 模型属性指标的量化结果
（*a*）T 模式系统属性指标值的量化结果；（*b*）TR 模式系统属性指标值的量化结果；
（*c*）SR 模式系统属性指标值的量化结果

图 6.3 中所示的三种模式城市水环境系统的各项属性指标值还需要进一步根据 WaSPaM 模型中构建的指标预处理方法进行处理，完成一致性和无量纲化的操作后，才能用于 WaSPaM 模型后续的指标集结和模式比较。

6.2.2 WaSPaM 模型属性指标权重的确定

属性指标权重的确定也是 WaSPaM 模型的核心内容之一，它将对经过预处理后的各项属性指标值进行权重赋值。WaSPaM 模型中属性指标权重的确定采用了决策者主观赋权与决策信息客观赋权相结合的综合方法，这种综合的指标属性赋权方法即考虑了决策者的主观偏好，又充分反映了决策信息的客观性。

在大兴新城水环境系统的规划中，通过专家咨询的方式对 WaSPaM 模型属性指标体系中各指标的主观权重值进行了确定，如表 6.2 所示。

大兴新城系统规划中 WaSPaM 模型属性指标的主观权重　　　　表 6.2

级别	指标类别	属性指标	主观权重 w
二级属性指标	经济性能	ACI	1
	环境性能	CODI	1/3
		TNI	1/3
		TPI	1/3
	资源性能	WI	0.8
		NI	0.1
		PI	0.1
一级属性指标	经济性能	Ec. I.	2/15
	环境性能	En. I.	5/12
	资源性能	Re. I.	5/12

现阶段大兴新城地区地表水水质均为劣V类，COD、TN 和 TP 均属于主要污染物，因此在主观赋权的过程中，决策者对表征水环境系统环境性能的 3 个二级属性指标 CODI、TNI 和 TPI 进行了等权赋值。对于大兴新城来说，日益严峻的水资源紧缺是亟须解决的问题，也是新城水环境系统规划的主要目标之一，而对于氮、磷资源，从图 6.3 中的计算结果可以看出，即使采用回收能力最强的 SR 模式系统，回收量与需求量相比，也只是非常少的一部分。因此，在主观赋权的过程中，决策者对表征系统资源性能的二级属性指标 WI 赋予了较高的权重。表征系统经济性能的二级属性指标只有 ACI 一个，因此，其主观权重的赋值为 1。除了对 WaSPaM 模型属性指标体系中上述 7 个二级属性指标进行主观赋权外，相应的 3 个一级属性指标 Ec. I.、En. I. 和 Re. I. 也要根据决策者的偏好进行赋权。根据新城区域水环境系统规划的目标，决策者给出了偏重水环境系统环境性能和资源性能的赋权结果。

在完成各项属性指标主观赋权的基础上，WaSPaM 模型利用通过主观权重变换得到的各项属性指标值所具有的客观信息，进一步对各项属性指标进行客观赋权。由于在属性指标计算的过程中考虑了输入和参数的不确定性，量化得到了 1000 组三种模式系统的属性指标值，因此，在客观赋权的过程中，也会相应得到 1000 组客观权重值，其概率分布如图 6.4 所示。

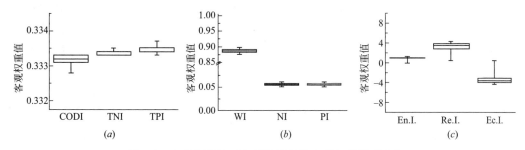

图 6.4　大兴新城地区各属性指标的客观权重概率分布

（a）环境性能二级指标；（b）资源性能二级指标；（c）一级属性指标

WaSPaM 模型进行客观赋权的目的是使 T、TR 及 SR 三种模式系统在大兴新城地区规划建设的差异尽可能明显地表现出来，因此，得到的权重值不具有可解释性，只具有数学内涵，权重值可能出现负值的情况，如图 6.4（c）中所示的 Ec. I. 的客观权重值。

6.2.3 WaSPaM 模型的输出结果

WaSPaM 模型使用线性加权算子对上述计算得到的 T、TR 和 SR 三种模式水环境系统的属性指标值以及各属性指标的主观及客观权重进行了集结，得到了三种模式水环境系统在大兴新城地区规划建设时的可持续性指数 P. I.，结果如图 6.5 所示。

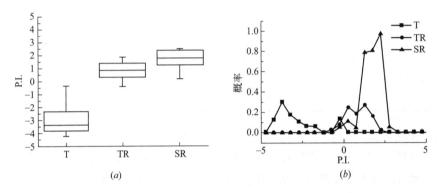

图 6.5　三种模式系统在大兴新城规划建设的 P. I. 值

从 P. I. 值的均值统计可以看出，T 模式系统的 P. I. 值远小于 TR 模式系统和 SR 模式系统的 P. I. 值，这表明，在大兴新城地区建设 TR 模式或 SR 模式的新型城市水环境系统更具有可持续性，更有利于大兴新城水环境系统规划目标的实现。比较 TR 模式系统和 SR 模式系统，可以发现，SR 模式系统 P. I. 值的均值要略大于 TR 模式系统 P. I. 值的均值，也就是说，在综合考虑系统经济、环境和资源性能的前提下，较 TR 模式的系统，在大兴新城建设 SR 模式的城市水环境系统具有一定的可持续性优势。

此外，对三种模式系统 P. I. 值的概率分布进行统计，结果发现：TR 模式系统 P. I. 值大于 T 模式系统 P. I. 值的概率为 98.5%，SR 模式系统 P. I. 值大于 T 模式系统 P. I. 值的概率为 99.3%，SR 模式系统 P. I. 值大于 TR 模式系统 P. I. 值的概率为 66%。这样的结果表明，在大兴新城建设 TR 模式和 SR 模式的新型城市水环境系统较建设 T 模式的传统城市水环境系统具有显著的可持续性优势，置信概率可以达到 98% 以上；而对于 SR 模式和 TR 模式的系统来说，只有 66% 的置信概率在新城区域内建设 SR 模式系统要优于建设 TR 模式的系统，可见 SR 模式系统的可持续性优势可靠性并不是很高。

根据上述 WaSPaM 模型的输出可知，综合考虑城市水环境系统经济、环境和资源的性能，在大兴新城规划建设 SR 模式的系统比建设 TR 模式的系统具有一定的可持续性优势，但是这种优势并不明显，也就是说，在考虑了规划不确定性的影响下，这两种模式系统的可持续性相当。当地决策者考虑到 SR 模式系统建设运行经验和相关管理制度缺乏的现状，最终决定在大兴新城地区优先考虑规划建设 TR 模式的水环境系统。

到此为止，大兴新城水环境系统概念层次规划已全部完成。通过使用 WaSPaM 模型，概念层次规划为大兴新城地区从备选的系统模式中选取了 TR 模式系统作为推荐规划建设的系统模式。

6.3　大兴新城水环境系统布局层次规划

在大兴新城水环境系统概念层次规划完成的基础上，本节将利用 WaSLaM 模型，对通过 WaSPaM 模型筛选得到的 TR 模式水环境系统在大兴新城地区进行空间上的布局，确定系统内处理设施的个数、位置、能力、所选用的技术以及服务范围，完成系统布局层次规划，为大兴新城推荐具有可持续性的城市水环境系统布局规划方案。

下文将根据 WaSLaM 模型在布局层次规划中使用的流程，从区域概化、模型输入和模型输出三个方面对大兴新城水环境系统布局层次规划进行介绍。

6.3.1　区域概化

区域概化的核心内容是明确规划区域中水环境系统的用户，包括污水排放用户和再生水使用用户；区域的污水排放量及水质；区域的再生水需求量及水质要求等基础信息，并将这些信息以系统用户 U 为最小单元进行空间上的解析，为后续模型输入的构建提供基础。

6.3.1.1　系统用户的确定

根据大兴新城 2020 年的用地规划图（图 6.1（c））以及表 5.4 给出的土地利用类型与城市水环境系统用户类型的对应关系可知，大兴新城地区总共具有 WaSLaM 模型中所定义的城市水环境系统用户 2517 个；区域内污水排放用户的类型包括居民家庭生活用户、公共行业用户及工业用户三种；再生水使用的用户包括：居民家庭生活用户、公共行业用户、工业用户、市政用户及环境用户五种，其中，居民家庭生活用户和公共行业用户使用再生水进行冲厕；工业用户则使用再生水满足用户内低水质要求的水资源需求，如工厂内部的道路浇洒等；市政用户使用再生水进行绿地和道路的浇洒；环境用户则使用再生水进行河流补水。

6.3.1.2　区域污水排放量及水质的确定

在布局层次规划中，大兴新城区域内各类污水排放用户的污水排放量利用排水系数法计算得到，具体的计算参数见表 6.3。其中，各类用户的需水指标 perw 根据大兴新城水资源规划的结果选取：到 2020 年，新城区域内居民家庭生活人均用水量为 130L/(p·d)，公共行业人均用水量为 130L/(p·d)，工业用水量指标为 5L/(m²·d)；A_i 为系统用户 i 的占地面积，反映了用户的规模大小；ρ_{Popi} 为用户 i 所在区域的人口密度，此数据可从新城的街区规划中获取；α 为排水系数，根据系统用户类型的不同，α 依据《城市排水工程规划规范》GB 50318—2000 选取，在水量计算的过程中，对于每一个污水排放用户，α 在表中所给的取值范围内依照均匀分布随机采样获得。由于后续规划的过程中要涉及再生水季节调节设施的设计，因此在确定各类用户污水排放量的同时，还应当确定其排放的季节变化规律，具体如表 6.3 所示。

大兴新城各类污水排放用户排水量的计算参数及方法　　表6.3

用户类型	需水指标 perw	排水系数 α	排水量 Q_d	季节变化
居民家庭用户	130L/(p·d)	0.8～0.9	$Q_{di} = perw \cdot \alpha \cdot A_i \cdot \rho_{Popi}$	
公共行业用户	130L/(p·d)	0.8～0.9	$Q_{di} = perw \cdot \alpha \cdot A_i \cdot \rho_{Popi}$	
工业用户	5L/(m²·d)	0.7～0.9	$Q_{di} = perw \cdot \alpha \cdot A_i$	

由于缺乏当地各类污水排放用户污水排放水质的实际监测数据，在进行系统布局规划时，假设各类污水排放用户的污水排放水质相同，均为典型城市污水水质，并且通过统计文献调研中获得的典型城市污水水质数据，选取统计结果的中值对其进行确定。

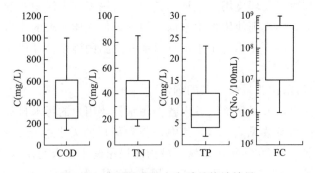

图6.6　典型城市污水水质的统计结果

6.3.1.3　区域再生水需求量及水质要求的确定

各类再生水用户再生水的潜在需求量等于各用户的需水量与再生水使用的最大比例系数 β 的乘积，其中 β 等于用户用水中能够被再生水替代的最大量与总用水量的比值，具体的计算参数见表6.4。同样，由于要涉及对再生水季节调节设施的规划，因此在计算各类用户再生水需求量的同时，还应当确定其需求的季节变化。

大兴新城各类再生水需求用户再生水需求量的计算参数　　　　表 6.4

用户类型	β	季节变化	用户类型	β	季节变化
居民家庭	β_{hou}	（1～12月均为1的季节变化图）	道路浇洒	1	（4～12月为1的季节变化图）
公共行业	β_{com}	（1～12月均为1的季节变化图）	绿化	1	（3～11月为1的季节变化图）
工业用户	0.2～0.25	（3～12月为1的季节变化图）	环境用户	1	（3～11月变化的季节变化图）

　　对于居民家庭用户与公共行业用户来说，再生水的需求主要用于冲厕，其 β 值的取值范围可从文献中获得，如图 6.7 所示，在具体进行再生水需求量计算的过程中，对于区域内的居民家庭用户和公共行业用户，按照统计得到的 β 的取值范围和概率分布随机选取 β 值。大兴新城地区的工业用户大多为生物制药企业，其再生水的需求主要用于满足厂内生活、绿化、道路浇洒等杂用的需求，β 的取值较低，根据实际调查取 0.2～0.25。对于道路浇洒、

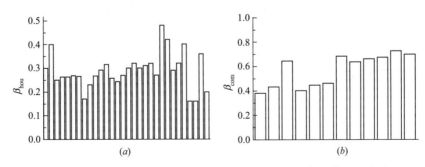

图 6.7　居民家庭及公共行业用户再生水使用最大比例系数 β 的统计
(a) 居民家庭用户 β 值；(b) 公共行业用户 β 值

绿化和环境用户来说，其需水量全部都可以使用再生水进行替代，因此 β 的取值为 1。

大兴新城区域内各类再生水用户的再生水需求水质根据相关的标准、文献及当地用户的要求进行制定，如表 6.5 所示。

	COD（mg/L）	TN（mg/L）	TP（mg/L）	FC（No./100mL）
用户类型				
居民家庭/公共行业冲厕	70	15	2	200
道路浇洒	70	10	0.2	200
绿化	70	10	0.2	200
工业	60	10	1	200
水体	30	10	0.3	1000

大兴新城各类再生水用户的水质要求 表 6.5

6.3.1.4 基础信息的空间解析

根据上述大兴新城水环境系统规划基础信息的确定，系统布局层次规划将以系统用户 U 为最小空间单元，对大兴新城地区的年污水排放量及年再生水需求量进行空间解析，其结果如图 6.8 所示。从图中可以看出，大兴新城区域内污水排放量和再生水需求量的空间分布相似，大多集中在整个区域中部人口密集的地区。

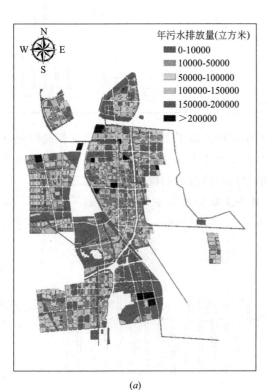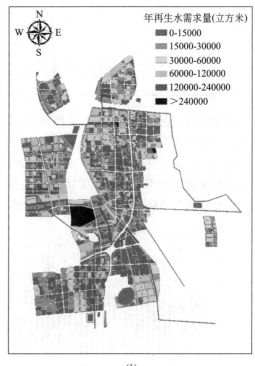

（a） （b）

图 6.8 大兴新城污水年排放量与再生水需求量的空间解析

（a）污水排放量；（b）再生水需求量

6.3.2　WaSLaM 模型的输入

6.3.2.1　规划单元信息

在上述对大兴新城区域内系统用户 U 空间分布确定的基础上，考虑到当地对水环境系统方便管理的要求，根据大兴新城的自然边界、行政边界、主要道路以及街区划分，系统布局层次规划将大兴新城进行了规划单元 pU 的划分，如图 6.10 所示，明确了模型中集合 Unit 的元素个数及各元素的空间分布，确定了 WaSLaM 模型中描述 Unit 集合的变量。

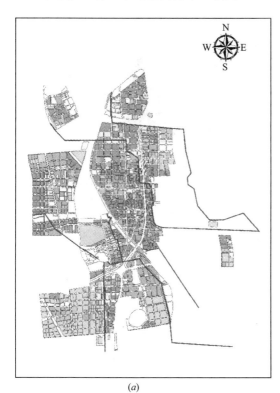 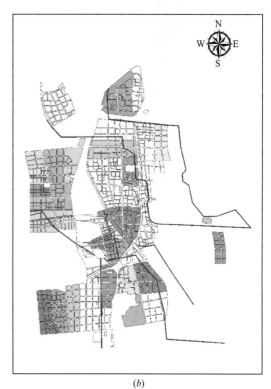

(a) (b)

图 6.9　大兴新城区域内规划单元 pU 的划分

(a) 区域内系统用户 U 的空间分布；(b) 区域内规划单元 pU 的空间分布

在对新城区域进行规划单元 pU 划分的基础上，根据 5.3.3.1 节中规划单元 pU 水量信息、水质信息、高程信息和空间关系确定的方法，布局层次规划对大兴新城区域内规划单元的属性信息进行了确定，明确了集合 Unit 中元素的属性。其中，图 6.10 给出了大兴新城区域内各个规划单元 pU 的污水排放量和再生水需求量，图 6.11 给出了新城区域内各个规划单元 pU 的空间关系矩阵。

6.3.2.2　潜在处理设施位置信息

根据 5.3.2.3 节中 WaSLaM 模型对系统处理设施潜在位置 pL 的假设，综合考虑大兴新城内已有污水处理厂的位置，利用 5.3.3.2 节中构建的以图层叠加和缓冲区分析为主的 GIS 模型对新城区域内潜在处理设施的位置进行了确定，如图 6.12 所示。同时，根据潜在处理设施位置 pL 所在地块的地理信息，大兴新城区域内潜在处理设施位置 pL 的高程和面积信息也可以进行确定。

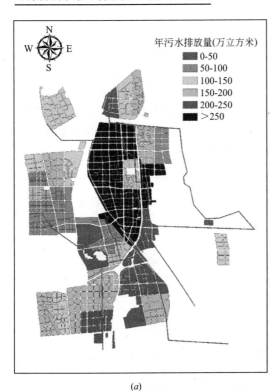
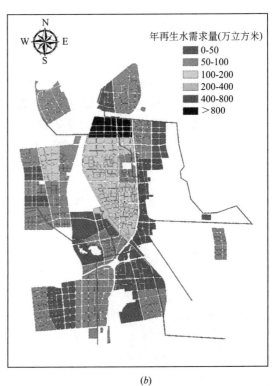

(a)   (b)

图 6.10　大兴新城区域内规划单元 pU 的水量属性

（a）污水排放量；（b）再生水潜在需求量

图 6.11　大兴新城区域内规划单元 pU 的空间关系矩阵

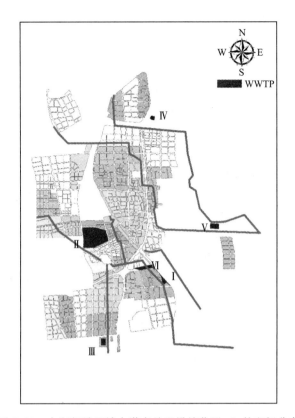

图 6.12   大兴新城区域内潜在处理设施位置 pL 的空间分布

潜在处理设施潜位置 pL 信息的确定，明确了模型中集合 Plant 的元素个数及其相关属性，确定了 WaSLaM 模型中描述集合 Plant 的变量。

6.3.2.3   处理技术信息

通过概念层次的规划，大兴新城选择了在区域内规划建设回用模式的城市水环境系统。因此，在 WaSLaM 模型的处理技术信息输入部分，只需要考虑 5.3.3.3 节中所构建的，备选处理技术库中污水处理类的技术。表 6.6 给出了在大兴新城水环境系统布局层次规划中，系统处理设施可选择的污水处理技术种类。各类技术污染物去除率、使用成本及占地等详细信息见表 5.7、表 5.9 与表 5.10。

大兴新城水环境系统规划中处理设施可选择的技术种类　　　　表 6.6

技术类别	种类	具体技术
一级处理	2	格栅、初沉
二级处理	8	活性污泥、活性污泥＋化学除磷、脱氮活性污泥、脱氮活性污泥＋化学除磷、MBR、MBR＋化学除磷、湿地、湿地＋化学除磷
深度处理	3	湿地、混凝过滤、微滤膜技术
消毒	3	氯消毒、紫外消毒、臭氧消毒

6.3.3 WaSLaM 模型的输出

基于上述量化的模型输入信息，通过计算，WaSLaM 模型为大兴新城回用模式的城市水环境系统输出了一个包括了 63 种布局情景，10404 个具体布局方案的系统布局规划推荐方案库。通过对推荐方案库中的方案进行相关的分析和统计，WaSLaM 模型为大兴新城推荐了符合区域要求的系统布局规划方案，确定系统内处理设施的个数、位置、规模、服务范围以及所选择的处理技术；并且为大兴新城水环境系统的规划提供了相关的决策信息。

6.3.3.1 布局规划方案的确定

按照 WaSLaM 模型的三个目标函数，对推荐方案库中 10404 个布局规划方案进行非支配排序，可以得到大兴新城水环境系统的 335 个非支配布局规划方案，如图 6.13 所示。所谓非支配布局规划方案，是指这些规划方案在 WaSLaM 模型的三个目标函数上要优于其余的布局规划方案，但对于这些规划方案相互来说，无法再根据模型的三个目标函数进行优劣的比较，也就是说，这 335 个规划方案较其他的方案具有可持续性的优势，但这些方案本身之间的可持续性已不存在差异。需要指出的是，这里所说的方案可持续性是指 WaSLaM 模型所定义的城市水环境系统的可持续性，即系统同时具有良好的经济、环境和资源性能。

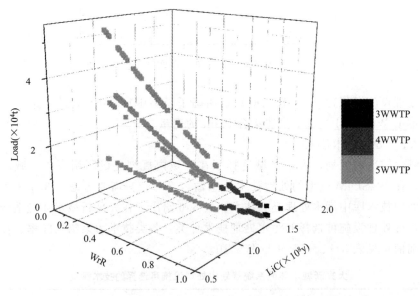

图 6.13 大兴新城水环境系统非支配布局规划方案集

图 6.13 中的每一个点都代表了大兴新城一个具有可持续性优势的城市水环境系统布局规划方案。每一个点除了具有处理设施个数、系统寿命期内的总成本、系统污染负荷排放当量以及再生水需求满足率这些可以从图中直观读得的规划信息外，还包括了系统内各个处理设施位置、规模及处理技术，区域内用户与处理设施连接关系，再生水用户空间分布等非直观的规划信息。

《大兴新城规划》要求，到 2020 年，新城区域内再生水的使用率要达到 50%。按照此要求，使用 WrR＝0.5 的平面截取图 6.13，可以得到五个满足大兴新城上述要求的，具有可持续性优势的城市水环境系统布局规划方案，每个方案的基本信息如表 6.7 所示。这五个规划方案即是大兴新城水环境系统布局层次规划所给出的具有可持续性优势的系统空间布局规划方案，它们将作为输入提供给工程层次规划，通过进一步的细化，完成整个系统的规划。

符合大兴新城要求的可持续性系统布局规划方案　　　　　　　　表 6.7

方案编号	处理设施个数（个）	污染负荷排放当量（×10⁴t/a）	寿命期总成本（×10⁴元）
1	5	2.11	10959.36
2	5	3.11	10845.31
3	5	3.09	10849.04
4	5	2.09	11007.87
5	5	2.08	11039.70

以方案 5 为例，图 6.14、图 6.15 及表 6.8 分别给出了该方案中处理设施空间位置、服务范围、规模及处理技术等规划信息。

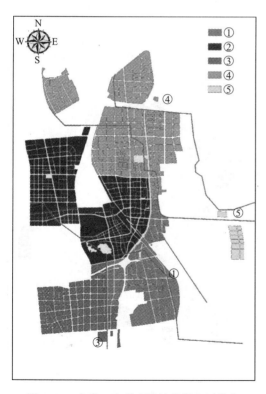

图 6.14　方案 5 中处理设施的服务区分布

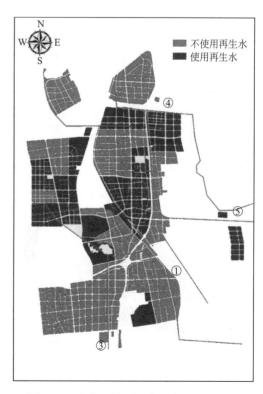

图 6.15　方案 5 中再生水用户的空间分布

除了确定上述系统空间布局所必须的规划信息外，WaSLaM 模型还可以为确定的系统布局规划方案提供再生水普及过程中再生水用户优先度的排序。对于确定的系统布局规划划方案，系统的布局情景是已知的，即系统内处理设施的个数和位置是明确的，统计 WaSLaM 模型输出的推荐方案库中该类布局情景的推荐方案，汇总出每个方案的再生水需求满足率 WrR 与区域内各再生水用户是否使用再生水的关系，即可得到区域内不同再生水需求满足率情况下再生水用户的空间分布，排列出各个用户的再生水使用优先序。图 6.16 给出了方案 5 在不同再生水需求满足率下的再生水用户空间分布，这为后续方案建设过程中再生水普及的实施提供了用户选择的决策支持。

方案 5 中各处理设施的规模及所采用的处理技术   表 6.8

设施编号	污水处理规模	再生水处理规模	处理技术
①	2 万 t/d	0.1 万 t/d	格栅＋初沉＋脱氮活性污泥＋化学除磷＋过滤＋紫外消毒
②	5.5 万 t/d	3.3 万 t/d	格栅＋初沉＋湿地＋化学除磷＋过滤＋氯消毒
③	2.3 万 t/d	0 万 t/d	格栅＋初沉＋脱氮活性污泥＋过滤＋氯消毒
④	5.7 万 t/d	3.3 万 t/d	格栅＋初沉＋MBR＋过滤＋氯消毒
⑤	0.3 万 t/d	0.2 万 t/d	格栅＋初沉＋脱氮活性污泥＋化学除磷＋过滤＋臭氧消毒

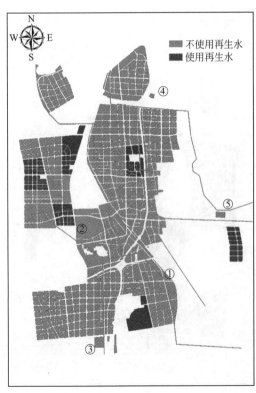 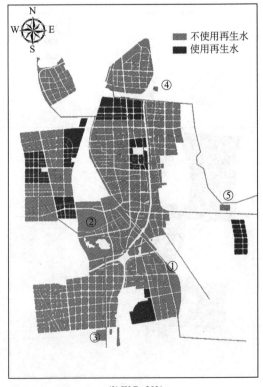

(a) WrR=10%   (b) WrR=30%

图 6.16　方案 5 在不同再生水需求满足率下的再生水用户空间分布（一）

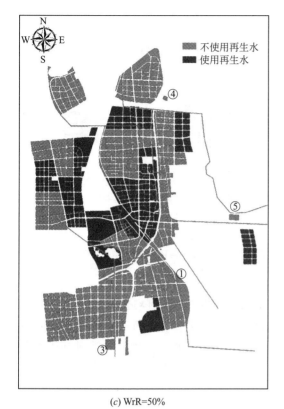 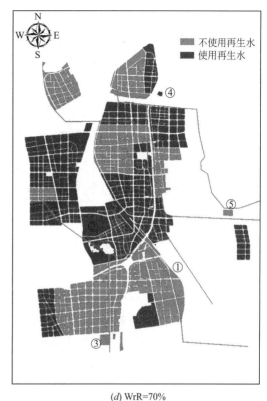

(c) WrR=50%　　　　　　　　　　　　　　　(d) WrR=70%

图 6.16　方案 5 在不同再生水需求满足率下的再生水用户空间分布（二）

6.3.3.2　系统规划决策信息的确定

所谓"城市水环境系统规划的决策信息"这里是指系统规划过程中所涉及的规划决策变量，包括 WaSPaM 模型的三个目标函数，即系统对规划区域再生水需求的满足率 WrR，系统的污染负荷排放当量 Load 和系统在整个寿命期内的成本投资 LiC，以及系统内污水处理设施的个数。这些系统的决策变量对于规划区域来说没有空间的概念，只是对整个系统的特征进行笼统地描述，是城市水环境系统规划初期所需要确定的宏观规划信息，是整个系统规划的基础。这些信息的合理性将直接影响到后续规划方案的可持续性。

图 6.17 给出了由 WaSPaM 模型计算得到的，大兴新城水环境系统布局规划方案推荐库中所有方案再生水需求满足率 WrR 的统计。从图 6.17（a）的统计结果可以看出，如果在大兴新城建设回用模式的水环境系统，综合考虑到水环境系统的可持续性以及再生水季节性调节设施占地等因素，在 95% 的置信概率下，大兴区域的再生水需求满足率不会超过 80%。此结论以及统计图形能够对大兴新城水环境系统规划过程中再生水需求满足率的制定提供决策支持，为决策者提供了一定置信概率下，在大兴新城建设可持续性回用模式水环境系统所能够达到的再生水利用率，避免了因再生需求满足率选择过低或过高而导致的水环境系统不具有可持续性或者无法实现再生水利用的现象。

此外，根据布局规划方案推荐库中各方案建设处理设施个数的不同，重新对方案库中各方案的再生水需求满足率 WrR 进行了统计，如图 6.17（b）所示。统计的结果表明：

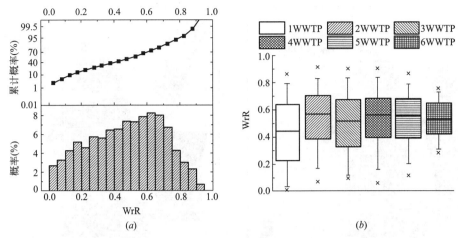

图 6.17　大兴新城系统布局规划推荐方案库中所有方案 WrR 的统计结果

（a）所有方案；（b）按处理设施个数分类的方案

对于系统内处理设施个数不同的各类方案，其统计得到的 WrR 的均值相差不大，均在 0.4～0.6 之间，但是随着系统内处理设施的个数增多，WrR 分布的方差将逐渐减小，这也就是说，对于规划给定的再生水需求满足率 WrR 来说，分散的水环境系统对其实现的置信概率要大于集中的水环境系统。这样的结论将为在给定再生水使用率的条件下选择系统内处理设施的个数提供决策支持。

利用上述对 WrR 统计的方法，图 6.18 对大兴新城水环境系统布局规划方案推荐库中的所有方案进行了污染负荷排放当量 Load 的统计。其中图 6.18（a）给出了 2020 年在新城地区建设可持续性的回用模式水环境系统情景下，新城区域的年污染负荷排放当量的取值范围及概率分布，此信息能够为决策者在制定该区域水环境系统环境性能的目标时提供依据。从图中可以看出，在 95％的置信概率下，该区域在建设可持续性的回用模式水环境系统情景下，污染负荷排放的当量将小于 3.5 万 t/年，如果在大兴新城污染物排放目标制定时选取了高于 3.5 万 t 的数值，则低估了水环境系统的能力，使得依照此目标规划出的

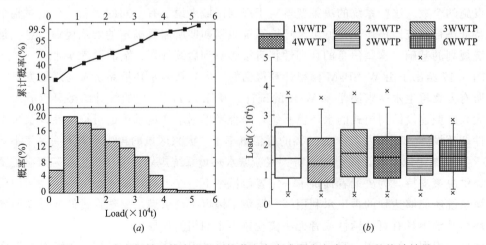

图 6.18　大兴新城系统布局规划推荐方案库中所有方案 Load 的统计结果

（a）所有方案；（b）按处理设施个数分类的方案

水环境系统不能很好地改善大兴新城的地表水环境质量；如果选取了过小的数值作为目标，则高估了水环境系统的能力，使得区域的水环境目标不能得到实现。图 6.18（b）是依照系统内处理设施个数的不同对推荐方案库中的方案分类后，各类方案污染负荷年排放当量 Load 的统计结果。从中可以看出，系统处理设施的分散程度对系统污染负荷排放当量 Load 的均值影响不是很大，不论在系统内建设几个处理设施，大兴新城 Load 的均值都大致为 1.5 万 t 左右。但从 Load 分布的方差来看，系统内处理设施的个数越多，系统分散程度越大，Load 的方差越小。与上述 WrR 统计所提供的水环境系统规划决策支持类似，这样的结论将为在给定区域污染负荷排放当量的条件下选择系统内处理设施的个数提供决策支持。

图 6.19 给出了大兴新城水环境系统布局规划推荐方案库中各方案寿命期内投资成本 LiC 的概率分布。从图中可以看出，如果在大兴新城建设回用模式的可持续性水环境系统，其生命周期内的全成本投资 LiC 在 95% 的置信概率下将小于 2 亿元。对于不同分散程度的水环境系统来说，LiC 在均值和方差上的差异都较大，随着系统分散程度的增加，系统 LiC 的均值和方差都逐渐减少，但减少的速率不断降低。上述信息能够对系统的规划方案进行生命周期内的投资分析，并且能够在给定区域水环境系统 LiC 的条件下，为系统内处理设施个数的选择提供决策支持。

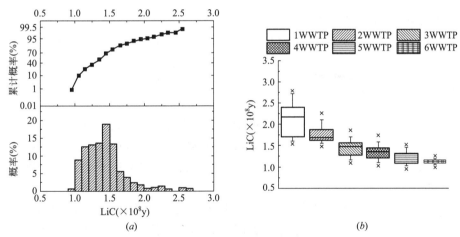

图 6.19 大兴新城系统布局规划推荐方案库中所有方案 LiC 的统计结果
（a）所有方案；（b）按处理设施个数分类的方案

上述关于城市水环境系统规划决策变量的讨论都是单独进行的，忽略了规划决策变量间的相关性。为了提高决策信息的可靠性，本研究对 WaSLaM 模型输出的布局推荐方案库中各方案的 WrR、LiC 和 Load 同时进行了统计，为大兴新城区域构建了水环境系统规划决策图形，如图 6.20 所示，为大兴新城水环境系统决策变量的确定提供了更为可靠的方法。该决策图形由三部分组成，分别为：推荐方案库中各方案 LiC 与 WrR 的散点关系图、Load 与 WrR 的散点关系图以及 LiC 与 Load 的散点关系图，其中 LiC 与 Load 的散点关系图中还包含了方案库中每个方案处理设施个数的信息。

该水环境系统规划决策图形能够在决策者给定某一系统规划决策变量的取值时，辅助决策者确定其他决策变量的取值范围及概率分布，并给出一定置信概率下各系统规划决策

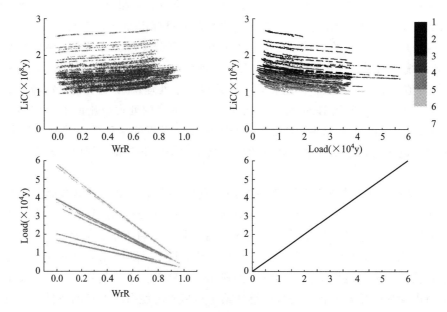

图 6.20 大兴新城水环境系统布局规划决策图形

变量的具体取值。其使用步骤如下：

（1）首先由决策者给出对某一规划决策变量的要求，例如要求大兴新城再生水需求的满足率 WrR 达到 80%～90%。

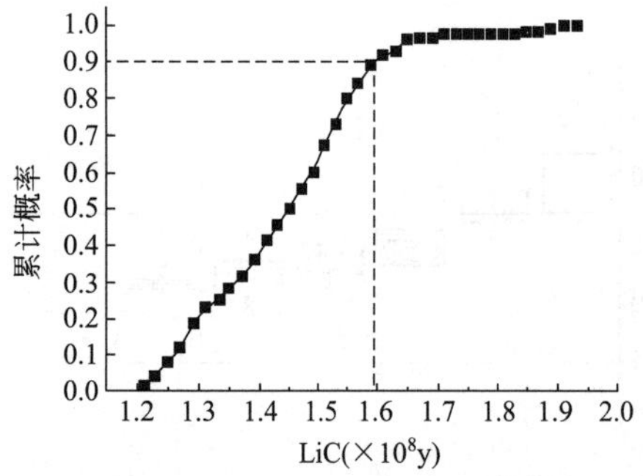

（2）根据所要求的 WrR 的取值，在"LiC—WrR 散点关系图"上可以找到相应的 LiC 的取值范围，对其进行统计分析，可以得到相应 LiC 的取值范围及概率分布，如图 6.21 所示。

（3）根据决策者对决策变量 LiC 决策过程中置信概率的确定，重新调整 LiC 的取值范围，例如选取 90% 的决策置信概率，从图 6.21 中可知，此时 LiC 的取值范围将从 1.2 亿～2.0 亿元变化为 1.2 亿～1.6 亿元。

图 6.21 WrR=80%～90% 时大兴新城
水环境系统 LiC 的概率分布

（4）根据要求的 WrR 在"Load—WrR 散点关系图"上确定 Load 的取值范围，同时根据调整后的 LiC 取值在"LiC—Load 散点关系图"上也确定 Load 的取值范围。

（5）在"LiC—Load 散点关系图"上确定（4）中两个已知 Load 取值范围的公共部分，此部分对应的 Load 和 LiC 即为在给定 WrR 要求下，考虑了三者之间相关性而确定的 Load 和 LiC 的取值。从图中可以看出，公共部分对应的 LiC 的取值范围与（3）中确定范围相同，而 Load 的范围则比（4）中在"Load—WrR 散点关系图"上确定的范围大大缩小。

（6）与上述 LiC 的统计类似，对（5）中所确定的 Load 的范围也进行同样的概率统计，如图 6.22 所示。从图中可以看出，当大兴新城的再生水需求的满足率为 80%～90%

时，考虑水环境系统 Load、LiC 和 WrR 的相关性，该区域污染负荷当量的年排放量范围为 0.2 万～1.5 万吨。

（7）根据决策者对决策变量 Load 决策过程中置信概率的确定，重新调整 Load 的取值范围，例如选取 90％的决策置信概率，从图 6.22 中可知，此时 Load 的取值范围将从 0.2 万～1.5 万吨变化为 0.2 万～1 万吨。

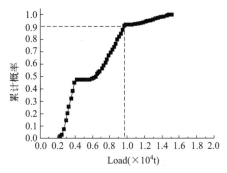

图 6.22　WrR＝80％～90％时大兴新城
水环境系统 Load 的概率分布

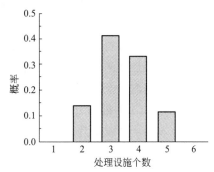

图 6.23　与给定 WrR 相应的大兴新城
水环境系统 Load 的取值概率分布

（8）在"LiC—Load 散点关系图"上确定考虑了置信概率的 Load 和 LiC 取值范围所确定的区域，统计该区域内各布局方案系统中处理设施的个数，如图 6.23 所示，可以得到相应的区域内可能建设的处理设施个数的概率分布，为系统规划过程中处理设施个数的选择提供了相应的决策支持。

综上所述，通过大兴新城水环境系统规划决策图形的使用可知，如果要使大兴新城再生水需求的满足率达到 80％～90％，并且使得区域内水环境系统具有可持续性的优势，在 90％的置信概率下，所建设的回用模式水环境系统在整个寿命周期内所需的成本为 1.2 亿～1.6 亿元，系统污染负荷当量的年排放量为 0.2 万～1 万吨，系统中可能建设的处理设施个数为 2～5 个，其中建设 3 个或 4 个处理设施满足要求并且实现系统可持续性目标的可能性最大，概率达到 70％以上。

6.4　本章小结

本章将第 4 章中构建的可持续性城市水环境系统规划方法和第 5 章中开发的可持续性城市水环境系统规划工具应用于了大兴新城水环境系统规划的案例研究中，开展了大兴新城水环境系统的概念层次规划和布局层次规划。主要结论包括：

（1）在大兴新城水环境系统的概念层次规划中，本章利用 WaSPaM 模型对大兴新城水环境系统的备选模式进行了综合的比较，结果表明：在大兴新城建设 TR 模式和 SR 模式两种新型城市水环境系统较建设 T 模式的传统城市水环境系统具有显著的可持续性优势，置信概率可以达到 98％以上；而对于 SR 模式和 TR 模式的系统来说，在大兴新城规划建设 SR 模式的系统比建设 TR 模式的系统具有一定的可持续性优势，但是这种优势并不明显，置信概率只有 66％。基于 WaSPaM 模型输出的上述结果，当地决策者考虑到 SR 模式系统建设运行经验和相关管理制度缺乏的现状，最终选择 TR 模式的水环境系统作为大兴新城地区优先考虑规划建设的水环境系统。

（2）在对大兴新城水环境系统模式确定的基础上，本章利用 WaSLaM 模型对选定的系统模式在空间上进行了布局，为大兴新城区域输出了一个包括了 63 种布局情景，10404个具体布局方案的系统布局规划推荐方案库，方案库中的每个方案所具有的规划信息包括：系统内处理设施的个数、位置、规模、服务范围以及所选择的处理技术，系统再生水需求的满足率，系统污染负荷的排放当量以及系统寿命期的全成本。

基于 WaSLaM 模型输出的推荐方案库，按照大兴新城 2020 年再生水利用率达到 50％的规划要求，本章为新城地区推荐了 5 种具有可持续性优势的回用模式水环境系统空间布局规划方案，并且举例对推荐方案所能提供的规划信息进行了描述，并对规划方案实施过程中再生水使用的普及过程进行了模拟，对再生水用户的优先级进行了确定。同样基于WaSLaM 模型输出的推荐方案库，本章还对大兴新城水环境系统规划决策变量的选取进行了分析，为大兴新城水环境系统构建了考虑规划决策变量间相互影响的规划决策图形，为该区域规划决策信息的确定提供了依据。

第7章　结论和建议

本书以解决可持续性城市水环境系统规划过程中因为决策目标、可选系统模式以及空间格局多样而带来的复杂性问题为目标，在对以回用模式系统和源分离模式系统为代表的新型城市水环境系统进行潜力判断分析的基础上，构建了可持续性城市水环境系统规划的方法，开发了包括 WaSPaM 模型和 WaSLaM 模型在内的规划工具集，并将建立的规划方法和工具进行了案例应用。主要结论包括：

（1）本研究将综合考虑城市水环境系统经济、环境及资源影响的系统全成本定义为城市水环境系统的潜力，在此基础上，以 CBA 为核心，以物质流分析、工程经济学和环境经济学的相关知识以及不确定性分析为主要工具，构建了能够用于不同模式城市水环境系统潜力判断分析的方法，为从长期发展的角度进行城市水环境系统模式的选择提供了依据。利用该方法，本研究对传统模式系统 T 和新型城市水环境系统的典型代表——回用模式系统 TR 和源分离模式系统 SR 进行了潜力判断分析，结果表明：从全国来看，T 模式系统的全成本均值是 TR 模式系统的 1.3 倍，是 SR 模式系统的 1.1 倍；TR 模式系统潜力大于 T 模式系统潜力的概率为 74.2%，SR 模式系统潜力大于 T 模式系统潜力的概率为 61.8%，TR 模式和 SR 模式两种新型城市水环境系统较 T 模式系统具有显著且广泛的潜力优势。分地区来看，TR 模式系统和 SR 模式系统的潜力优势突出体现在我国水资源紧缺、水价较高的北方地区，这些地区的城市应当优先推行新型系统的使用。为此本研究按照地区优势系统的种类不同，将我国 31 个省市划分为六类片区，并给出了各地区系统建设时模式选择的优先顺序，也为可持续性城市水环境系统规划政策的分区制定提供依据。而对系统潜力计算相关参数进行的灵敏性分析结果表明，按照我国现阶段环境资源政策发展的趋势，随着环境标准的日益严格和资源价格的不断提高，TR 模式和 SR 模式系统的潜力优势将更加显著和广泛，其中水价是最为敏感的影响因素。

（2）本研究以现有城市水环境系统规划的流程为基础，增添了概念层次规划和布局层次规划两个关键环节，构建了多层次、多目标、基于多方案计算的可持续性城市水环境系统规划方法，解决了可持续性城市水环境系统规划的复杂性问题，降低了规划过程中的主观性和经验性，提高了系统规划的科学性和合理性。系统概念层次规划的实质是一个多属性决策问题，它的主要任务是以可持续性城市水环境系统的性质和规划原则为依据，在充分认识规划区域现状问题的基础上，结合规划区域的实际情况和规划目标，以系统的可持续性为准则，从有限多个可选的系统模式中定量筛选出适合于规划区域的一种或几种可持续性城市水环境系统模式。通过概念层次规划这一规划环节的添加，可持续性城市水环境系统规划过程中因为决策目标多样性和系统模式多样性而带来的规划复杂性问题得以解决。系统布局层次规划的实质是一个多目标决策问题，它的主要任务是在概念层次规划的基础上，以可持续性城市水环境系统的性质和规划原则为依据，通过连续计算的方法，将选择的系统模式在规划区域内进行空间上的布置，确定系统内处理设施的个数、位置、规模、所选用的技术以及服务范围即处理设施与用户之间的连接关系。布局层次规划的出现将解决可持续性城市水环境系统规划过程中因为空间格局多样性和决策目标多样性而带来的规划复杂性问题。

（3）针对本研究构建的可持续性城市水环境系统规划方法，根据概念层次规划和布局层次规划的科学问题本质，本研究开发了可持续性城市水环境系统规划的核心工具集。该工具集由对规划区域水环境系统模式进行选择的 WaSPaM 模型和对选择的系统模式进行空间布局的 WaSLaM 模型组成，两个模型相互串联，依次用于概念层次和布局层次的规划。WaSPaM 是一个以 MADM 框架为核心，考虑了规划不确定性和决策偏好影响的城市水环境系统模式筛选模型，它结合规划区域的实际情况和规划目标，对所有可选择的城市水环境系统模式进行综合评估和比较，筛选出符合规划区域要求的、可持续性的城市水环境系统模式。WaSLaM 是一个具有物理、化学和空间条件约束的多目标优化模型，它以系统的经济性能、环境性能和资源性能同时最优为目标，以系统规划过程中出现的空间、水量、水质和占地的限制条件为约束，通过连续计算的方法筛选出符合规划区域要求的，具有可持续性优势的水环境系统布局规划方案，确定系统内处理设施的个数、位置、能力、所选用的技术以及服务范围。规划工具集的开发使得构建的可持续性城市水环境系统规划方法具有了可操作性，提高了系统规划的科学性和定量化水平。

（4）针对 WaSLaM 模型多目标、多 0-1 决策变量以及涉及空间问题的特征，本研究采用随机采样、多目标优化遗传算法 NSGA-Ⅱ、自主开发的图连通随机划分算法、图论中经典的 Dijkstra 最短路算法和广度优先搜索算法构建了用于求解多目标空间优化的"图论—遗传"集成算法。该算法以 NSGA-Ⅱ 算法为框架，使用图连通随机划分的算法保证了 WaSLaM 模型求解过程中初始方案生成的空间有效性，并且使得生成有效方案的效率得到了大幅度的提高；使用整数编码的方式，减少了 WaSLaM 模型中变量的个数；使用图论中的广度优先搜索算法，保证了算法中交叉变异后得到的规划方案仍能够满足系统规划的空间约束；使用非支配排序和聚集距离计算相结合的方法，保证了在计算过程中能够选择到具有可持续性优势的方案，并且保证了解空间的分布均匀性。本研究所构建的"图论—遗传"集成算法提高了模型求解效率，解决了在空间上生成并筛选出系统布局方案的技术难点。

（5）案例区域水环境系统规划的案例研究表明，本研究构建的可持续性城市水环境系统规划的方法和开发的工具能较好地解决可持续性城市水环境系统规划过程中的复杂性问题。通过方法和工具的案例应用，本研究利用 WaSPaM 模型为大兴新城确定了水环境系统的模式——回用模式；利用 WaSLaM 模型为大兴新城输出了一个包括了 63 种布局情景，10404 个具体布局方案的系统布局规划推荐方案库。根据大兴新城 2020 年再生水利用率达到 50% 的规划要求，本研究通过对推荐方案库中的方案进行非支配排序和筛选，为大兴新城推荐了 5 种具有可持续性优势的回用模式水环境系统空间布局规划方案，每个方案所包括的规划信息有：系统内处理设施的个数、位置、规模、服务范围以及所选择的处理技术，系统再生水需求的满足率，系统污染负荷的排放当量、系统寿命期的全成本以及该方案在实施过程中再生水用户的优先级。除此之外，本研究还对大兴新城水环境系统规划的决策变量进行了分析，结果表明：在 95％的置信概率下，大兴新城建设回用模式水环境系统的寿命期成本小于 2 亿元，区域污染负荷排放当量低于 3.5 万 t/年，区域内再生水需求的满足率不会超过 80％。基于规划决策变量的分析结果，本研究为大兴新城水环境系统构建了考虑规划决策变量间相互影响的规划决策图形，为该区域规划决策信息的确定提供了依据。

参 考 文 献

[1] Maksimovic C，Tejada-Guibert J A，陈吉宁．城市水管理中的新思维——是僵局还是希望［M］．北京：化学工业出版社，2006：228.

[2] UN. The 1st United Nations World Water Development Report：'Water for People，Water for Life'［R］. United Nations：2003.

[3] 中华人民共和国建设部．中国城市建设统计年鉴2006［R］．北京：中华人民共和国建设部，2007.

[4] 陈志恺．中国水资源的可持续利用问题［J］．中国科技奖励，2005，1：40-42.

[5] 刘俊良．城市节制用水规划原理与技术［M］．北京：化学工业出版社，2003，190-192.

[6] 中国工程院．中国城市水资源可持续开发与利用［R］．北京：中国工程院，2000.

[7] 石辉，彭可珊．我国的水资源问题与持续利用［J］．中国人口，资源与环境，2002，12（6）：23-25.

[8] 中华人民共和国环境保护部．中国环境状况公报（2007）［R］．北京：中华人民共和国环境保护部，2008.

[9] 徐祖荫．河流污染治理技术与时间［M］．北京：中国水利水电出版社，2003，18-25.

[10] 孙傅．给水系统水质风险模拟与管理策略研究［D］．北京：清华大学，2007.

[11] Beck M B，Chen J，Saul A J et al. Urban drainage in the 21st century：assessment of new technology on the basis of global material flows［J］. Water Science and Technology，1994，30（2）：1-12.

[12] Larsen T A and Guyer W. Separate management of anthropogenic nutrient solutions（human urine）［J］. Water Science and Technology，1996，34（3-4）：87-94.

[13] Otterpohl R，Grottker M，Lange J. Sustainable water and waste management in urban areas［J］. Water Science and Technology，1997，35（9）：121-133.

[14] Jefferson B，Laine A L，Stephenson T et al. Advanced biological uint processes for domestic water recycling［J］. Water Science and Technology，2001，43（10）：211-218.

[15] Nghiem L D，Oschmann N，Schafer A I. Fouling in greywater recycling by direct ultrafilitration［J］. Desalination，2006，187：283-290.

[16] Otterpohl R，Braun U，Oldenburg M. Innovative technologies for decentralized water-，wastewater and biowaste management in urban and peri- urban areas［J］. Water Science and Technology，2003，48（11-12）：23-32.

[17] Dallas G H，Anda M，Mathew K. On- site wastewater technologies inAustralia［J］. Water Science and Technology，2001，44（6）：81-88.

[18] Prihandrijanti M，Malisie A，Otterpohl R. Cost-benefit analysis for centralized and decentralized wastewater treatment system［J］. // Baz I A，Otterpohl R，Wendland C. Efficient management of wastewater. Springer：Berlin，2008：259-268.

[19] 陈吉宁．城市水系统的综合管理：机遇与挑战［J］．中国建设信息，2005，13：34-38.

[20] Beck M B and Cummings R G. Wastewater infrastructure：Challenges for the sustainable city in the new millennium［J］. Habitat International，1996，20（3）：405-420.

[21] Berndtsson J C and Jinno K. Sustainability of urban water system：examples fromFukuoka，Japan［J］. Water Policy，2008，10（5）：501-513.

[22] Malmqvist P A，Heinicke G，Karrman E et al. Strategic planning of sustainable urban water management［M］. London：IWA Publishing，2006.

[23] Bulter D，Jowitt P，Ashley R et al. SWARD：decision support processes for the UK water industry

［J］. Management of Environmental Quality，2003，14（4）：444-459.

［24］ Office of the Parliamentary Commissioner for the Environment. Beyond ageing pipes. Urban water systems for the 21st century［M］. Wellington：2001.

［25］ Ashley R，Blackwood D，Butler D et al. Sustainable Water Services- A procedural guide. London ［M］：IWA Publishing，2004.

［26］ Hiessl H and Toussaint D. Options for sustainable urban water infrastructure systems：Results of the AKWA 2100 project. Proceeding of the 2nd International Symposium on Ecological Sanitation. Lubeck［M］：International Water Association，2003.

［27］ PMSEIC. Recycling water for our cities. Prime Minister's Science Engineering and Innovation Council-11th meeting. Australia［M］：PMSEIC，2003.

［28］ Ellis J B，Deutsch J C，Mouchel J M et al. Multicriteria decision approaches to support sustainable drainage options for the treatment of highway and urban runoff［J］. Science of the Total Environment，2004，334-335：251-260.

［29］ Remy C and Jekel M. Sustainable wastewater management：life cycle assessment of conventional and source-separating urban sanitation systems［J］. Water Science and Technology，2008，58（8）：1555-1562.

［30］ Lienert J，Monstadt J，Truffer B. Future scenarios for a sustainable water sector：A case study from Switzerland［J］. Environmental Science and Technology，2006，40（2）：436-442.

［31］ UN. World Population Prospects：1999. United Nations：2000［R］.

［32］ Makropoulos C K，Natsis K，Liu S et al. Decision support for sustainable option selection in integrated urban water management［J］. Environmental Modelling and Software. 2008，23（12）：1448-1460.

［33］ UN. World Population Prospects：2006. United Nations：2007［R］.

［34］ 中华人民共和国环境保护部. 全国环境统计公报（2007）［R］. 北京：中华人民共和国环境保护部，2008.

［35］ 中国城镇供水排水协会排水专业委员会，中国水工业互联网站. 中国城市污水处理厂汇编［R］. 2006.

［36］ 中华人民共和国住房和城乡建设部. 城市污水处理工程项目建设标准（修订）［M］. 北京：中国计划出版社，2001.

［37］ USEPA. The clean water and drinking water infrastructure gap analysis EPA-816-R-02-020［R］. Office of Water：Washington. DC.：2002.

［38］ USEPA. Sustianning our nation's water infrastructure EPA-852-E-06-004［R］. Office of Water：Washington. DC.：2006.

［39］ Schuetze M R. Integrated simulation and optimum control of the urban wastewater system［D］. London：Imperial College，1998.

［40］ Hiessl H，Walz R，Toussaint D. Design and Sustainability assessment of scenarios of urban water infrastructure systems［C］. 5th International Conference on Technology Policy and Innovation，June 26-29，2001 the Netherlands.

［41］ Langergraber G and Muellegger E. Ecological sanitation- a way to solve global sanitation problems ［J］. Environment International，2005，31（3）：433-444.

［42］ 中华人民共和国国家质量监督检验检疫总局. GB/T 18919-2002 城市污水再生利用分类［S］. 北京：中国标准出版社，2002.

［43］ 董欣. 污水回用与污水源分离对城市给排水系统影响的研究［D］. 北京：清华大学，2004.

［44］ Palmquist H and Hanaus J. Hazardous substances in separately collected grey- and blackwater from ordinary Swedish households ［J］. Science ofthe Total Environment，2005，348 (1-3)：151-163.

［45］ Frohlich P A，Pawlowski L，Bonhomme A et al. EU demonstratin project for separate discharge and treatment of urine，faeces and greywater，Part Ⅰ ［J］. Water Science and Technology，2007，56 (5)：239-249.

［46］ Jonsson H，Stenstrom T H，Svenson J and Sundin A. Source separated urine-nutrient and heavy metal content ［J］. WaterScience and Technology，1997，35 (9)：145-152.

［47］ Fittsche I and Niemczynowicz J. Experiences with dry sanitation and grey water treatment in the ecovillageToarp，Sweden ［J］. Water Science and Technology，1997，35 (9)：161-170.

［48］ Hanaeus J，Hellstrom D，Johansson E. A study of a urine separation systems in an ecological village in northernSweden ［J］. Water Science and Technology，1997，35 (9)：153-160.

［49］ 王少勇、陈洪斌. 灰水处理与回用进展 ［J］. 中国沼气，2007，25 (6)：5-9.

［50］ Goddard M. Urban greywater reuse at the D' LUX development ［J］. Desalination，2006，188 (1-3)：135-140.

［51］ Atasoy E，Murat S，Baban A，et al. Membrane Bioreactor (MBR) treatment of segregated household wastewater for reuse ［J］. Clena-Soil Air Water，2007，35：465-472.

［52］ Jefferson B，Laine A L，Judd S L，et al. Membrane bioreacots and their role in wastewater reuse ［J］. Water Science and Technology，2000，41 (1)：197-204.

［53］ Nolde E. Greywater recycling systems inGermany- results，experiences and guidelines ［J］. Water Science and Technology，2005，51 (10)：203-210.

［54］ Eriksson E，Auffarth K，Henze M et al. Characteristics of grey wastewater ［J］. Urban Water，2002，4 (1)：85-104.

［55］ 于凤. 半集中式处理系统灰水处理技术研究 ［D］. 上海：同济大学，2007.

［56］ Tchobanoglous G，Burton F L，Stensel H D. Wastewater engineering：treatment and reuse. Boston ［M］：McGraw-Hill，2003.

［57］ Butler D，Friedler E，Gatt K. Characterising the quantity and quality of domestic wastewater inflows ［J］. Water Science and Technology，1995，31 (7)：13-24.

［58］ P. 伦斯，G. 泽曼. G. 莱廷格编. 王晓昌，彭党聪，黄廷林译. 分散式污水处理和再利用：概念、系统和实施 ［M］. 北京：化学工业出版社，2004.

［59］ Maurer M，Pronk W，Larsen T A. Treatment processes for source-separated urine ［J］. Water research，2006，40 (17)：3151-3166.

［60］ Otterpohl R，Albold A and Olgenburg M. Sources control in urban sanitation and waste management：Ten systems with reuse of resources ［J］. WaterScience and Technology，1997，39 (5)：153-160.

［61］ 朱阳春，邓镓佳，赵娜等. 住宅小区厕所污水资源化技术综合效益评价 ［J］. 中国环保产业，2007，3：14-17.

［62］ Remy C and Ruhland A. Ecological assessment of alternative sanitation concepts with life cycle assessment ［D］. Berlin：Technical University Berlin，2006.

［63］ Oldenburg M，Peter-Frohlich A，Dlabacs C，et al. EU demonstration project for separate discharge and treatment of urine，faeces and greywater，part Ⅱ ［J］. Water Science and Technology，2007，56 (5)：251-257.

［64］ 吴俊奇，付婉霞，曹秀芹. 给水排水工程 ［M］. 北京：中国水利水电出版社，2004：308.

［65］ 中华人民共和国建设部. GB 50318-2000 城市排水工程规划规范 ［S］. 北京：中华人民共和国建设部，2000.

[66] 戴慎志，陈践．城市给水排水工程规划 [M]．合肥：安徽科学技术出版社，1999：120-130．

[67] 中华人民共和国建设部．GB 50335-2002 污水再生利用工程设计规范 [S]．北京：中国建筑工业出版社，2002．

[68] USEPA. Guidelines for Water Reuse EPA/625/R-04/108. Washington，DC [M]：USEPA，2004.

[69] Washington State Department of Health. Consideration of reclaimed water within general sewer plans [J]. Washington State Department of Health，WA，2000.

[70] 朱达力，李乔，包利新．当前城市排水工程规划中村庄的问题与改进方向 [J]．林业科技情报，2002，34（2）：78-79．

[71] 于卫红．城市排水规划的热点问题探讨 [J]．中国给水排水，2006，22（8）：16-18．

[72] 崔玉孝，汪莉．改进城市排水系统的探讨 [J]．黑龙江环境通报，2004，23（1）：82-85．

[73] Geerse J M U and Lobbrecht A H. Assessing the performance of urban drainage systems：general approach applied to the city of Rotterdam [J]. Urban Water. 2002，4（1）：199-209.

[74] Lundin M，Molander s and Morrison M. A set of indicators for the assessment of temporal variations in thesustainability of sanitary systems [J]. Water Science & Technology. 1999，39（5）：235-242.

[75] 洪阳，曹静．城市水资源系统综合评估指标体系初探 [J]．上海环境科学．2000，19（6）：269-271．

[76] 陈庆秋，薛建枫，周永章．城市水系统环境可持续性评价框架「J]．中国水利．2004，3：6-10．

[77] 颜莹莹．城市水系统运行效率研究 [D]．北京：中国城市规划设计研究院，2007．

[78] Smith C S and MacDonald G M. Assessing thesustainability of agriculture at the planning stage [J]. Journal of Environmental Management. 1998，52（1）：15-37.

[79] Mels A R，van Nieuwenhuijzen A F，van Graaf J H J M，et al. Sustainability criteria as a tool in the development of new sewage treatment mthods [J]. Water Science & Technology. 1999，39（5）：243-250.

[80] Matos R，Cardoso A，Ashley R et al. Performance indicators for wastewater services [M]. London：IWA Publising，2003.

[81] Raval P and Donnelly T. Multi-criteria decision making for wastewater systems using sustainability as a criterion [J]．//Roanoke Va，eds. Proceeding s of the Joint ASCE-EWRI Water Resources Planning and Management Conference. New York：ASCE，2002：1-10.

[82] Rijsberman M A and van de Ven F H M. Different approaches to assessment of design and management of sustainable urban water systems [J]. Environmental Impact Assessment. 2000，20：333-345.

[83] Lundin M. Assessment of the environmental sustainability of urban water systems [D]. Goteborg：Chalmers University of Technology，1999.

[84] Morrison G，Fatoki OS，Zinn E et al. Sustainable development indicators for urban water systems：a case study evaluation of King William's Town，South Africa，and the applied indicators [J]. Water SA. 2001，27（2）：219-232.

[85] Bagheri A，Asgary A，Levy J et al. A performance index for assessing urban water system：a fuzzy inference approach [J]. American Water Works Association Journal. 2006，98（11）：84-92.

[86] Hellstrom D，Jeppsson U，Karrman E. A framework for systems analysis of sustainable urban water management [J]. Environmental Impact Assessment Review. 2000，20（3）：311-321.

[87] Ugwu O O and Haupt T C. Key performance indicators and assessment methods for infrastructure sustainability- a South African construction industry perspective [J]．Building and Environment. 2007，42：665-680.

[88] Malmqvist P A and Palmquist H. Decision support tools for urban water and wastewater systems-focusing on hazardous flows assessment [J]. Water Science and Technology. 51 (8): 41-49.

[89] Butler，D and Parkinson J. Towards sustainable urban drainage [J]. Water Science & Technology. 1997，35 (9): 53-63.

[90] Dong X，Zeng S Y，Chen J N el al. An integrated assessment method of urban drainage system: a case study in Shenzhen city，China [J]. Frontiers of Environmental Science and Engineering in China. 2008，2 (2): 150-156.

[91] Foxon T J，McIlkenny G，Gilmour D et al. Sustainability criteria for decision support in the UK water industry [J]. Journal of Environmental Planning and Management. 2002，45 (2): 285-301.

[92] Sahely H R，Kennedy C A，Adams B J. Developing sustainability criteria for urban infrastructure systems [J]. Canadian Journal of Civil Engineering. 2005，32 (1): 72-85.

[93] Palme U，Lundin M，Tillman A M et al. Sustainable development indicators for wastewater systems-researchers and indicator users in a co-operative case study [J]. Resources Conservation and Recycling. 2005，43 (3): 293-311.

[94] Lundin M，Bengtsson M，Molander S. Life cycle assessment of wastewater systems: influence of system boundaries and scale on calculated environmental loads [J]. Environmental Science & Technology. 2000，34 (1): 180-186.

[95] Balkema A J，Preisig H A，Otterpohl R et al. Indicators for the sustainability assessment of wastewater treatment systems [J]. Urban Water. 2002，4 (2): 153-161.

[96] Crettaz P，Jolliet O，Cuanillon J M et al. Life cycle assessment of drinking water and rain water for toilets flushing [J]. Auqa. 1999，48 (3): 73-83.

[97] Roeleveld P J，Klapwijk A，Eggels P G et al. Sustainability of municipal wastewater treatment [J]. Water Science and Technology. 1997，35 (10): 221-228.

[98] Tillman A M，Lundstrom H，Svingby M. Life cycle assessment of municipal waste water systems [J]. International Journal of LCA. 1998，3 (3): 145-157.

[99] Sonesson U，Bjorklund A，Carlsson M et al. Environmental and economic analysis of management systems for biodegradable waste [J]. Resources Conservation and Recycling. 2000，28 (1-2): 29-53.

[100] Jekel M，Remy C，Ruhland A. Ecological assessment of alternative sanitation comcepts withlife cycle assessment [D]. Berlin: Technical University Berlin，2006.

[101] 亨利．莱文，帕特里克．麦克尤恩著，金志农，孙长青，史昱译．成本—效益分析方法和应用 [M]．北京：中国林业出版社，2006：32-33..

[102] Icke J，van den Boomen R M，Aalderink R H. A cost-sustainability analysis of urban water management [J]. Water Science and Technology. 1999，39 (5): 211-218.

[103] Hauger M B，Rauch W，Linde J J et al. Cost benefit risk- a concept for management of integrated urban wastewater systems [J]. Water Science and Technology. 2002，45 (3): 185-193.

[104] Lundin M and Morrison G M. A life cycle assessment based procedure for development of environmental sustainability indicators for urban water systems [J]. Urban Water. 2002，4 (2): 145-152.

[105] 何强，龙腾锐，夏志祥．水污染控制系统规划方法研究 [J]．重庆建筑大学学报．1999，21 (6): 31-34.

[106] Zeferino J A，Cunha M da C，Antunes A P. Siting and sizing the components of a regional wastewater system: a multiobjective approach [J]. Water Resources ManagementⅣ，2007，103:

123-132.

[107] Melo J J and Camara A S. Models for the optimization of regional wastewater treatment systems [J]. European Journal of Operational Research. 1994，73（1）：1-16.

[108] Deininger R A and Su S Y. Modeling regional wastewater treatment systems [J]. Water Research. 1973，7（4）：663-646.

[109] Loucks D P，Revelle C S，Lynn W R. Linearprogramming models for water pollution control [J]. Management Science. 1967，14（4）：B166- B181.

[110] Converse A O. Optimum number and location of treatment plants [J]. Journal of Water Pollution Control Federation. 1972，44（7）：1629-1636.

[111] Klemetson S L and Grenney W J. Dynamic optimization of regional wastewater treatment systems [J]. Journal of Water Pollution Control Federation. 1985，57（2）：128-134.

[112] Graves G，Hatfield G B，Whinston A B. Mathematical programming for regional water quality management [J]. Water Resources Research. 1972，8（2）：273-280.

[113] Wanielista M P and Bauer C S. Centralization of waste treatment facilities [J]. Journal of Water Pollution Control Federation. 1972，44（12）：2229-2238.

[114] Joeres E F，Dressler J Choand C C et al. Planning methodology for the designing of regional wastewater treatment systems [J]. Water Resources Research. 1974，10（4）：643-649.

[115] Brill E D and Nakamura M. A branch and bound method for use in planning regional wastewater treatment systems [J]. Water Resources Research. 1978，14（1）：109-118.

[116] Leighton J P and Shoemaker C A. An integer programming analysis of the regionalization of large wastewater treatment and collection systems [J]. Water Resources Research. 1984，20（6）：671-681.

[117] Leitao J P，Matos J S，Goncalves A B，et al. Contribution of geographic information systems and location models to planning of wastewater systems [J]. Water Science and Technology，2005，52（3）：1-8.

[118] McConagha D L and Converse A D. Design and cost allocation algorithm for waste treatment systems [J]. Journal of Water Pollution Control Federation. 1973，45（12）：2558-2566.

[119] Weeter D Wand Belarti J G. Analysis of regional water treatment system [J]. Journal of Environmental Engineering（ASCE）. 1976，102（1）：233-237.

[120] Lauria D T. Desk calculator model for wastewater planning [J]. Journal of Environmental Engineering（ASCE）. 1979，105（1）：113-120.

[121] Voutchkov N S and Boulos P F. Heuristic screening methodoglogy forregional wastewater treatment planning [J]. Journal of Environmental Engineering（ASCE）. 1993，199（4）：603-613.

[122] Wang C G and Jamieson D G. An objective approach to regional wastewater treatment planning [J]. Water Resources Research. 2002，38（3）：4. 1-4. 8.

[123] 黄国如，胡和平，田富强等. 基于遗传算法的水污染控制系统规划 [J]. 清华大学学报（自然科学版）. 2002，42（4）：551-554.

[124] Cunha M C and Sousa J. Hydraulic infrastructures design using simulated annealing [J]. Journal Infrastructure System（ASCE）. 2001，7（1）：32-39.

[125] Sousa J，Ribeiro A，Cunha M C et al. An optimization approach to wastewater systems planning at regional level [J]. Journal of Hydroinformatics. 2002，4（2）：115-123.

[126] 申玮，郭宗楼，刘国华. 直接搜索—模拟退火法在水污染控制系统规划中的应用 [J]. 水科学进展. 2004，15（4）：445-447.

[127] 李胜海．基于人工神经网络和遗传算法的水污染控制规划方案优化研究［D］．重庆：重庆大学，2002.

[128] Bishop A B, Pugner P E, Grenney W J et al. Goal programming model for water quality planning ［J］. Journal of the Environmental Engineering Division. 1977，103（2）：293-306.

[129] Lohani B N and Adulbhan P A. Multiobjective model for regional water quality management ［J］. Water Resources Bulletin. 1979，15（4）：1028-1038.

[130] Tung Y K. Multiple-objective stochastic waste- load allocation ［J］. Water Resources Management. 1992，6（2）：1573-1650.

[131] Burn B D H and Lence B J. Comparison of optimization formulations for waste-load allocations ［J］. Journal of Enviromental Engineering （ASCE）. 1992，118（4）：597-612.

[132] Cardwell H and Ellis H. Stochastic dynamic programming models for water quality management ［J］. Water Resources Research. 1993，29（4）：803-813.

[133] Lee C S and Wen C G. Application of multiobjective programming to water quality management in a River Basin ［J］. Journal of Environmental Management. 1996，47（1）：11-26.

[134] 于思扬．基于 GIS 的遗传算法在水污染控制规划中的应用研究［D］．长春：东北师范大学，2007.

[135] Burn D H and Yulianti J S. Waste-load allocation using genetic algorithms ［J］. Journal of water resources planning and management. 2001，127（2）：0121-0129.

[136] Yandamuri S R M，Srinivasan K，Bhallamudi S M. Multiobjective optimal waste load allocation models for rivers using nondominated sorting genetic algorithm-Ⅱ ［J］. Journal of water resources planning and management. 2006，132（3）：133-143.

[137] Zeferino J A, Antunes A P, Cunha M C. Multi-objective model for regional wastewater systems planning ［J］. Civil Engineering and Environmental System. 2009，iFirst，1-12.

[138] Abu- Talebb M F. Application of multicriteria analysis to the design of wastewater treatment in a nationally protected area ［J］. Environmental Engineering and Policy. 2000，2（1）：37-46.

[139] 龙瀛，贾海峰，程声通．Geodatabase 与城市排水系统规划集成的研究［J］．水科学进展，2004，15（4）：436-440.

[140] Guo R，Jia H F，Cheng S T. GIS-based Multicriteria Hiberarchy Analysis in Wastewater Systems Planning of Beijing Central Region ［R］. Proceeding of 6th Specialist Conference on Small Water & Wastewater Systems Fremantle，West Australia，2004，2.

[141] 龙腾锐，郭劲松，党清平．临界距离优化城市水环境系统研究［J］．中国给水排水，1998，14（2）：16-19.

[142] 曹永强．污水处理厂厂址选择的优化分析［J］．勘察科学技术，2002，3：39-43.

[143] Bishop A and Hendrisks D. Wster reuse system analysis ［J］. Journal of the sanitary engineering division （ASCE），1971，97（1）：41-57

[144] Mulvihill M E and Dracup J A. Optimal timing and sizing of a conjunctive urban water supply and wastewater system with nonlinear programming ［J］. Water Resource Research，1974，10（2）：171-175.

[145] Pingry A D E and Shaftel T L. Integrated water management with reuse：A programming approach ［J］. Water Resource Research，1979，15（1）：8-14.

[146] Ocanas G and Mays L. A model for water reuse planning ［J］. Water Resource Research，1981，17（1）：25-32.

[147] Schwartz M and Mays L. Models for water reuse and wastewater planning ［J］. Journal of Environ-

mental Engineering（ASCE），1983，109（5）：1128-1147.

[148] Oron G. Management modeling of integrative wastewater treatment and reuse systems［J］. Water Science and Technology，1996. 33（10-11）：95-105.

[149] Aramaki T，Sugimoto R，Hanaki K et al. Evaluation of appropriate system for reclaimed wastewater reuse in each area ofTokyo using GIS- based water balance model［J］. Water Science and Techology. 2001，43（5）：301-308.

[150] Zhang C. A study on urban water reuse management modeling［D］. Waterloo：University of Waterloo，2004.

[151] Joksimovic D，Savic D A，Walters G A. An integrated approach to least-cost planning of water reuse schemes［J］. Water Science and Technology：Water Supply，2006，6（5）：93-100.

[152] Joksimovic D. Decision support system for planning of integrated water reuse projects［D］. Exeter：University of Exeter，2007.

[153] 徐志嫱. 西北典型缺水城市污水再生利用系统优化与情景分析［D］. 西安：西安建筑科技大学，2005.

[154] Huang T L，Xu Z Q，Wang X C. Optimization analysis of decentralized sanitation and reuse system［R］. IWA Conference：Future of Urban Wastewater System-Decentralization and Reuse，Xi'an：2005.

[155] 赵玲萍. 中水系统纳入城市给排水系统综合规划的优化模型［D］. 天津：天津大学，2004.

[156] 张丽丽，马云东，魏令勇. 区域给水与污水处理及回用系统规划的优化研究［J］. 环境科学与管理，2006，31（2）：116-117.

[157] Nas T F. Cost-benefit analysis：Theory and application［J］. Thousand Oaks：SAGE Publication，Inc.，1996：30-39.

[158] 威廉·沙立文，埃琳·威克斯，詹姆斯·勒克斯霍著，邵颖红译. 工程经济学［M］. 北京：清华大学出版社，2007.

[159] 北京市城市规划设计研究院. 北京市污水处理厂总体规划［D］. 北京：北京市城市规划设计研究院，2002.

[160] 乔华. 陕西省各地排水管道投资函数的建立［J］. 给水排水，1995，6：40-43.

[161] 吴嘉陵. 大型城市污水处理厂费用函数的研究［J］. 上海环境保护，1989，5：8-12.

[162] 梁鲁沂，俞国平，徐衍忠. 给水管道单位成本计算公式化的推导［J］. 工业用水与废水，2003，34（5）：51-53.

[163] 周律. 给水排水工程技术经济与造价管理［M］. 北京：清华大学出版社，2003：56-70.

[164] Frohlich P A，Pawlowski L，Bonhomme A et al. EU demonstratin project for separate discharge and treatment of urine，faeces and greywater，PartⅡ［J］. Water Science and Technology，2007，56（5）：251-257.

[165] Palmquist H and Jonsson H. Urine，faeces，greywater，and biodegradable soild waste as potential-fertilizers［M］.// 2nd international symposium on ecological sanitation. Luebeck：IWA，2003.

[166] Palmquist H and Hanaus J. Hazardous substances in separately collected grey- and blackwater from ordinary Swedish households［J］. Science ofthe Total Environment，2005，348（1-3）：151-163.

[167] 张健. 污水控制的历史回顾与启示［G］. 2008 水业高级技术论坛论文集，352-362，2008.

[168] 亨利·莱文，帕特里克·麦克尤恩著，金志农，孙长青，史昱译. 成本—效益分析方法和应用［M］. 北京：中国林业出版社，2006.

[169] 中华人民共和国住房和城乡建设部. 城市建设统计公报［R］. 1998-2007.

[170] 王琳，王宝贞. 分散式污水处理与回用［M］. 北京：化学工业出版社，2003，10-13.

[171] Population Division of the Department of Economic and Social Affairs of the United Nations Secretariat，World Population Prospects：The 2004 Revision and World Urbanization Prospects：The 2005 Revision [EB/OL]．[2006-8-21]．http：//esa. un. org/unup.

[172] HNPStats—the World Bank's Health，Nutrition and Population data platform [EB/OL]．[2006-8-22]．http：//genderstats. worldbank. org/hnpstats/.

[173] U. S. Census Bureau. International Data Base [EB/OL]．April 2005 version.

[174] LutzW，Scherbov S，Cao G. Y et al. China's uncertain demographic present and future. Laxenbure [M]，Austria：International Institute for Applied Systems Analysis (IIASA)，2005.

[175] Jiang H. The prodication of China's population [J]．Science and Technology Management Research. 2005，25（11）：142-145.

[176] Men K P and Zeng W. A study on the prediction of the population of China over the next 50 years [J]．Journal of Quantitative and Technical Economics. 2004，21（3）：12-17.

[177] 中国工商银行．贷款利率查询 [EB/OL]．[2006-8-1]．http：//www. icbc. com. cn/other/rmb-credit. jsp.

[178] 中华人民共和国发展计划委员会，中华人民共和国财政部，中华人民共和国环境保护部等．排污费征收标准及计算方法，2003.

[179] Copp J，Spanjers H，Vanrolleghem P A. Respirometry in control of the activated sludge process：Benchmarking control strategies [M]．London：IWA Publishing，2002.

[180] Balmer P. Operation costs and consumption of resources at Nordic nutrient removal plants [J]．Water Science and Technology，2000，41（9）：273-279.

[181] Benedetti L，Dirckx G，Bixio D，et al. Environmental and economic performance assessment of the integrated urban wastewater system [J]．Journal Environmental Management，2008，88（4）：1262-1272.

[182] 中国水网．全国水价 [WB/OL]．[2006-8-30]．http：//price. h2o-china. com/.

[183] 中国统计数据库．中国 2002 年化肥．农膜商品零售价格统计 [WB/OL]．(2002-12-31)[2006-4-3]．http：//www. bjinfobank. com/IrisBin/Text. dll? db＝TJ＆no＝217041＆cs＝9299552＆str＝化肥＋价格＋2002.

[184] Ghisi E and Ferreira D F. Potential for potable water savings by using rainwater and greywater in a multi- storey residential building in southern Brazil [J]．Building and Environment. 2007，42：2512-2522.

[185] Kim R-H，Lee S，Jeong J et al. Reuse of greywater and rainwater using fiber filter media and metal membrane [J]．Desalination. 2007，202：326-332.

[186] Friedler E，Kovalio R，Galil N I. On- site greywater treatment and reuse in multi- storey buildings [J]．Water Science and Technology. 2005，51（10）：187-194.

[187] Tchobanoglous G，Burton F L，Stensel H D. Wastewater engineering：treatment and reuse [J]．Boston：McGraw-Hill，2003：210-235.

[188] Zhang J，Cao X S，Meng X Z. Sustainable urban sewerage system and its application in China [J]．Resources Conservation and Recycling，2007，51：284-293.

[189] Ashley R M，Tait S J，Styan E，et al. Sewer system design moving into the 21st century-a UK perspective [J]．Water Science and Technology. 2007，55（4）：273-281.

[190] 邵益生．城市水系统控制与规划原理 [J]．城市规划，2004，2（1）：62-67.

[191] 高俊发．污水处理厂工艺设计手册 [M]．北京：化学工业出版社，2003：1-10.

[192] Griffiths M. The european water framework directive：An approach to integrated river basin man-

agement [R]. Official Publication of the European Water Association，2002.

[193] 魏智勇．环境与可持续发展 [J]．北京：中国环境科学出版社，2007：13-18.

[194] Anderson J and Iyaduri R. Integrated urban water planning：big picture planning is good for the wallet and the enviroment [J]. Water Science and Technology. 2003，47（7-8）：19-23.

[195] Bulter D andDavies J W. Urban drainage（2nd edition）[J]. New York：Spon Press，2006：332-355.

[196] 夏绍玮．系统工程概论 [M]．北京：清华大学出版社，1995：45-165.

[197] 魏宏森．系统论：系统搞科学哲学 [M]．北京：清华大学出版社，1995：232-340.

[198] 吴良镛．人居环境科学导论 [M]．北京：中国建筑工业出版社，2001：132.

[199] 张伟，顾朝林．城市与区域规划模型系统 [M]．南京：东南大学出版社，2000：34-38.

[200] 郭亚军．综合评价理论与方法 [M]．北京：科学出版社，200：59-62.

[201] 徐玖平，吴巍．多属性决策的理论与方法 [M]．北京：清华大学出版社，2006.42-50.

[202] Triantaphyllou E. Multi-criteria decision making methods：a comparative study [J]. Netherlands：Kluwer Academic Publishers，2000.73-85.

[203] 徐泽水．不确定性多属性决策方法及应用 [M]．北京：清华大学出版社，2004.76-101.

[204] Alexandra，Vassilios A T，Odysseas C，et al. Use of GIS in siting stabilization pond facilities for domestic wastewater treatment [J]. Journal of Environmental Management，2007，82：155-166.

[205] University of Rhode Island Cooperative Extension. Cluster wastewater systems planning handbook [M]. Kingston：2004.

[206] Dinesh N. Development of a decision support system for optimum selection of technologies for wastewaterreclamation and reuse [D]. Adelaide：University of Adelaide，2002.

[207] Dinesh N and Dandy G C. A Decision support system for municipal wastewater reclamation and reuse [J]. Water Supply，2003，3（3）：1-8.

[208] Joksimovic D. Decision Support System for Planning of integrated Water Reuse Projects [D]. Exeter：University of Exeter，2007.

[209] Savic D. Single-objective vs. Multiobjective Optimisation for Integrated Decision Support. Integrated Assessment and Decision Support，Proceedings of the First Biennial Meeting of the International Environmental Modelling and Software Society，A. E. Rizzoli and A. J. Jakeman，eds.，International Environmental Modelling and Software Society [C]. Lugano，Switzerland，7-12，2002.

[210] Joksimovic D，Kubik J，Hlavinek P，et al. Development of an integrated simulation model for treatment and distribution of reclaimed water [J]. Desalination. 2006，188：9-20.

[211] Khaliquzzaman and Chander S. Network Flow Programming Model for Multireservoir Sizing [J]. Journal of Water Resources Planning and Management，1997，123（1），15-22.

[212] Douglas B W 著，李建中，骆吉洲译．图论导引 [M]．北京：机械工业出版社，2006：71-80.

[213] Heaney J P，Sample D，Wright L. Cost Analysis and Financing of Urban Water Infrastructure. " Innovative Urban Wet-Weather Flow Management Systems，J. P. Heaney，R. Pitt，and R. Field，eds.，United States Environmental Protection Agency，Office of Water [C]. Washington，DC，1999.

[214] USEPA. Decision-Support Tools for Predicting the Performance of Water Distribution and Wastewater Collection Systems. EPA 600/R-02/029，United States Environmental Protection Agency，Office of Research and Development [C]. Washington，DC，2002.

[215] Joksimovic D，Savic D A，Walters G A，et al. Development and validation of system design princi-

ples for water reuse systems [J]. Desalination，2008，218：142-153.

[216] 林锉云，董加礼. 多目标优化的方法与理论 [M]. 长春：吉林教育出版社，1992：12-14.

[217] 崔逊学. 多目标进化算法及其应用 [M]. 北京：国防工业出版社，2006：23-67.

[218] 郑金华. 多目标进化算法及其应用 [M]. 北京：科学出版社，2007：12-70.

[219] Dorn J and Ranjithan S R. Evolutionalry multiobjective optimization in watershed water quality management [C]. Evolutionary Multi-Criterion Optimization Second International Conference，2003. Springer. 692-706.

[220] Deb K. Multi-objective genetic algorithms：Problem difficulties and construction of test problems [J]. Evolutionary Computation，1999，7（3）：205-230.

[221] 戴一奇，胡冠章，陈卫. 图论与代数结构 [M]. 北京：清华大学出版社，1995：23-25.

[222] 谢政，戴丽. 组合图论 [M]. 长沙：国防科技大学出版社，2003：25-30.

[223] Butler D and Davies J W. Urban drainage（second edition）[M]. New York：Spon Press，2006：62-81.